工业机器人专业人才"十三五"规划教材

工业机器人应用基础
——基于 ABB 机器人

主　编　魏志丽　　林燕文

副主编　陈南江

主　审　陈小艳　　罗红宇

U0245434

北京航空航天大学出版社

内 容 简 介

本书以 ABB 工业机器人为载体,配合大量实物图片,生动形象地系统介绍 ABB 机器人的开关机操作、机器人示教器的功能及使用、工件及工具坐标系的定义和标定方法,以及机器人的手动操作方法。运用大量实际案例,深入浅出,步骤清晰地介绍机器人工作站的搭建、RAPID 程序的建立以及常用程序指令的编程。最后利用北京华航唯实机器人科技有限公司自主开发的 RobotArt 离线编程软件,通过一个具体的机器人写字案例,对在 RobotArt 软件上搭建机器人工作站并生成后置代码以及在真实工作站中联机调试过程进行详细介绍。通过对本书学习,能够使读者对 ABB 机器人以及机器人工作站的搭建及示教编程有一个清晰的了解。

本书通俗易懂,实用性强,既可作为普通高校及中高职院校的专业或实训教材,又可作为工业机器人培训机构用书,同时也可供从事相关行业的技术人员作为参考。

图书在版编目(CIP)数据

工业机器人应用基础.基于 ABB 机器人 / 魏志丽,林燕文主编. -- 北京 : 北京航空航天大学出版社,2016.7
　ISBN 978 - 7 - 5124 - 2169 - 1

Ⅰ. ①工… Ⅱ. ①魏… ②林… Ⅲ. ①工业机器人—教材 Ⅳ. ①TP242.2

中国版本图书馆 CIP 数据核字(2016)第 134537 号

版权所有,侵权必究。

工业机器人应用基础——基于 ABB 机器人
主编　魏志丽　林燕文
副主编　陈南江
主审　陈小艳　罗红宇
责任编辑　蔡　喆　李丽嘉

*

北京航空航天大学出版社出版发行

北京市海淀区学院路 37 号(邮编 100191)　http://www.buaapress.com.cn
发行部电话:(010)82317024　传真:(010)82328026
读者信箱:goodtextbook@126.com　邮购电话:(010)82316936
北京时代华都印刷有限公司印装　各地书店经销

*

开本:787×1 092　1/16　印张:16.5　字数:422 千字
2016 年 11 月第 1 版　2024 年 8 月第 10 次印刷　印数:18 001～19 500 册
ISBN 978 - 7 - 5124 - 2169 - 1　定价:38.00 元

若本书有倒页、脱页、缺页等印装质量问题,请与本社发行部联系调换。联系电话:(010)82317024

前　　言

1. 编写背景

随着"工业 4.0"概念在德国的提出,以"智能工厂、智慧制造"为主导的第四次工业革命已经悄然来临。工业 4.0 是一个高科技战略计划,制造业的基本模式将由集中式控制向分散式增强型控制转变,目标是建立一个高度灵活的个性化和数字化产品与服务的生产模式。在全球制造业面临重大调整、国内经济发展进入新常态的背景下,中华人民共和国国务院于 2015 年 5 月发布了"中国版工业 4.0 规划"——《中国制造 2025》,这是中国实施制造强国战略第一个十年的行动纲领。《中国制造 2025》明确了九项战略任务和重点,其中主要包括新一代信息技术产业、高档数控机床和机器人、航空航天装备、海洋工程装备及高技术船舶、先进轨道交通装备、节能与新能源汽车、电力装备、农机装备、新材料、生物医药及高性能医疗器械十大重点领域。因此,工业机器人作为自动化技术的集大成者,是其重要的组成单元。当前,机器人产业的发展对工业机器人编程与操作的技能型人才的需求越来越紧迫,按照工信部关于工业机器人的发展规划,到 2020 年,国内工业机器人装机量将达到 100 万台,需要至少 20 万工业机器人应用相关从业人员,并且以每年 20%～30% 的速度持续递增。在教材方面,工业机器人的操作编程只能依靠机器人企业的培训和产品手册,极度缺乏系统学习和相关知识技能点指导。虽然市面上有一些关于工业机器人方面的教材,但普遍偏向于理论与研究,或者偏向于指导说明书,适合职业教育基础教学的教材尚为空白。因此,开发适合于职业教育特点的教材是当前开展工业机器人技术专业人才培养急需解决的重要问题。

2. 编写宗旨

"工业机器人应用基础"是作为工业机器人技术专业开设的专业核心课程。本书集合工业机器人技术专业教学资源库建设成果,教材编写组由学校、企业、行业专家组成,针对相关行业岗位如工业机器人示教编程、工业机器人工作站调试等典型工作任务群体所需的知识能力点需求进行分析,同时对照国家工业机器人教学资源库建设中的工业机器人编程员和系统应用工程师的职业标准,打破传统理论教学与实践教学的界限,将知识点和技能点融入项目任务中。本书主要包括初始工业机器人、工业机器人的基本操作、工业机器人的程序编程、工业机器人的 I/O 通信、工业机器人离线编程应用五个项目,每个项目含有若干任务组成,每个任务都有具体描述引入,按照"任务描述、知识学习、任务实施"进行逐步讲解,在培养读者养成良好学习习惯和科学的思维方法的同时,也更加适用工学结合、项目引导、"教与学"一体化的教学需求。本书中的每个任务都由课程编写组根据北京华航唯实机器人科技有限公司针对职业院校开发的基础教学工作站实训任务而来。

在编写过程中,从工业机器人编程与操作的特点出发,结合工业机器人企业应用过程中的经验,把本书编写宗旨定位于:以高职课程内容为主,注重任务实施,以方便教学开展。其中与教材配套的课程资源,按照国家工业机器人技术专业教学资源库建设相关规范要求,开发包括课件、视频、习题等一系列资源。

3. 教学建议

"工业机器人应用基础"是工业机器人技术专业的一门核心基础课程,对工业机器人专业教育是一门新课程,其前导课程需要学习"可编程控制器技术应用""液压与气动技术""电气控制技术""可编程控制器应用技术""运动控制技术"等,后续课程包括"工业机器人工作站系统集成""工业机器人系统维护""顶岗实习""毕业设计"。

在本书中引入了工业机器人离线编程软件 RobotArt,在教学过程中,可通过该软件辅助教学。

本教材中在关键知识点和技能点之处通过二维码标注微课、技能实操讲解等资源,可用手机随扫随学。

4. 致　谢

本书由广东松山职业技术学院、北京华航唯实机器人科技有限公司等校企联合开发。广东松山职业技术学院魏志丽和北京华航唯实机器人科技有限公司林燕文担任主编,北京华航唯实机器人科技有限公司陈南江为副主编,北京华航唯实机器人科技有限公司罗红宇为主审。参与编写还有北京华航唯实机器人科技有限公司教育资源部的工程师们。

由于作者水平有限,书中遗漏和不妥之处欢迎各位读者批评指正。在编写过程中,作者参考、学习了国内外相关资料,在此向原作者表示衷心的感谢。

编　者

2016 年 5 月

增值服务说明

本书为读者免费提供配套资料,以二维码的形式分别印在前言及各章标题后,请扫描二维码下载。读者也可以通过以下网址从"学徒宝"学习其他相关资料:http://www.xuetubao.com。

二维码使用提示:手机安装有"学徒宝"App 的用户可以扫描并登录注册学习本书中视频;未安装"学徒宝"App 的用户建议使用带有扫一扫功能的软件直接扫描学习。

套资料下载或与本书相关的其他问题,请咨询理工图书分社,电话:(010)82317036,(010)82317037。

安全警告

机器人产品手册中的安全事项

在开启机器人之前，请仔细阅读 ABB 机器人光盘里的产品手册（其中 IRB120/460/1410/1520 产品手册为中文版），并务必阅读产品手册里"安全"章节里的全部内容。请在熟练掌握设备知识、安全信息以及注意事项后，再正确使用机器人。用户因违反操作规定造成的人员及设备损害，由用户自行负责。

⚠ 记得关闭总电源

在进行机器人的安装、维修、保养时切记要将总电源关闭，带电作业可能会产生致命性后果，如果不慎遭高压电击，可能会导致心跳停止、烧伤或其他严重伤害。

⚠ 与机器人保持足够安全距离

在调试与运行机器人时，它可能会执行一些意外或不规范的运动，并且所有的运动都会产生很大的力量，从而严重伤害个人或损坏机器人工作范围内的任何设备，所以应时刻警惕与机器人保持足够的安全距离。

⚠ 静电放电危险

ESD（静电放电）是电势不同的两个物体间的静电传导，它可以通过直接接触传导，也可以通过感应电场传导。搬运部件或部件容器时，未接地的人员可能会传递大量的静电荷。这一放电过程可能会损坏敏感的电子设备，所以在有此标识的情况下，要做好静电放电防护。

⚠ 紧急停止

紧急停止优先于任何其他机器人控制操作，它会断开机器人电动机的驱动电源，停止所有运转部件，并切断由机器人系统控制且存在潜在危险的功能部件的电源。出现下列情况时请立即按下任意紧急停止按钮：

※ 机器人运行时，工作区域内有工作人员。

※ 机器人伤害了工作人员或损伤了机器设备。

⚠ 灭　火

发生火灾时，在确保全体人员安全撤离后再进行灭火，应先处理受伤人员。当电气设备（例如机器人或控制器）起火时，使用二氧化碳灭火器扑救，切勿使用水或泡沫灭火器。

ⓘ 工作中的安全

机器人速度慢，但是很重并且力度很大，运动中的停顿或停止都会产生危险。即使可以预测运动轨迹，但外部信号有可能改变操作，会在没有任何警告的情况下，产生意想不到的运动。

因此,当进入保护空间时,务必遵循所有的安全条例。

※ 如果在保护空间内有工作人员,请手动操作机器人系统。

※ 当进入保护空间时,请准备好示教器,以便随时控制机器人。

※ 注意旋转或运动的工具,例如切削工具和锯。确保在接近机器人之前,这些工具已经停止运动。

※ 注意工件和机器人系统的高温表面。机器人电动机长期运转后温度很高。

※ 注意夹具并确保夹好工件。如果夹具打开,工件会脱落并导致人员伤害或设备损坏;夹具非常有力,如果不按照正确方法操作,也会导致人员伤害。

※ 注意液压、气压系统以及带电部件。即使断电,这些电路上的残余电量也很危险。

⊙ 示教器的安全

示教器是一种高品质的手持式终端,配备了高灵敏度的一流电子设备。为避免操作不当引起的故障或损害,请在操作时遵循本说明:

※ 小心操作。摔打、抛掷或重击会导致破损或故障;在不使用该设备时,将它挂到专门存放它的支架上,以防意外掉到地上。

※ 示教器的使用和存放应避免电缆被人踩踏。

※ 切勿使用锋利的物体(例如螺钉、刀具或笔尖)操作触摸屏,可能会使触摸屏受损。应用手指或触摸笔去操作示教器触摸屏。

※ 定期清洁触摸屏。灰尘和小颗粒可能会挡住屏幕造成故障。

※ 切勿使用溶剂、洗涤剂或擦洗海绵清洁示教器,可使用软布蘸少量水或中性清洁剂清洁。

※ 没有连接 USB 设备时务必盖上 USB 端口的保护盖。如果端口暴露到灰尘中,那么它可能会中断或发生故障。

⊙ 手动模式下的安全

在手动减速模式下,机器人只能减速操作。只要在安全保护空间之内工作,就应始终以手动速度进行操作。

在手动全速模式下,机器人以程序预设速度移动。手动全速模式应仅用于所有人员都处于安全保护空间之外时,而且操作人必须经过特殊训练,熟知潜在的危险。

⊙ 自动模式下的安全

自动模式用于在生产中运行机器人程序。在自动模式操作情况下,常规模式停止(GS)机制、自动模式停止(AS)机制和上级停止(SS)机制都将处于活动状态。

目　　录

项目一　ABB 工业机器人简介

【知识点】

- 工业机器人的定义；
- ABB 机器人的发展；
- ABB 机器人使用过程中的注意事项。

【技能点】

- 了解工业机器人的定义；
- 认识 ABB 机器人。

任务一　认识 ABB 工业机器人

【任务描述】

在简单了解世界各地对机器人的定义的基础上，能够认识常用的 ABB 工业机器人并知道 ABB 机器人在使用过程中的注意事项。

【知识学习】

1. 工业机器人的定义

机器人发展至今天，对于机器人的定义仍然是仁者见仁，智者见智，没有一个统一的意见。原因之一是机器人还在继续发展，新的机型、新的功能不断涌现。下面将介绍国际上对于工业机器人给出的定义。

工业机器人的定义

① 美国机器协会（RIA）：机器人是"一种用于移动各种材料、零件、工具或专用装置的，通过程序动作来执行各种任务，并具有编程能力的多功能操作机（manipulator）"。

② 日本工业机器人协会：工业机器人是"一种装备有记忆装置和末端执行装置的、能够完成各种移动来代替人类劳动的通用机器"。它又分以下两种情况来定义：

- 工业机器人是"一种能够执行与人的上肢类似动作的多功能机器"；
- 智能机器人是"一种具有感觉和识别能力，并能够控制自身行为的机器"。

③ 国际标准化组织（ISO）：机器人是"一种自动的、位置可控的、具有编程能力的多功能操作机；这种操作机具有几个轴，能够借助可编程操作来处理各种材料、零件、工具和专用装置，以执行各种任务"。

④ 国际机器人联合会（IFR）："工业机器人（manipulating industrial robot）是一种自动控制的、可重复编程的（至少具有三个可重复编程轴）、具有多种用途的操作机"（ISO 8373）。

以上定义均为国际上对工业机器人的定义，可以这样理解工业机器人，就是面向工业领域的多关节机械手或多自由度机器装置，一般指用于机械制造业中代替人完成具有大批量、高质量要求的工作，如汽车制造、摩托车制造、舰船制造、某些家电产品(电视机、电冰箱、洗衣机)、化工等行业自动化生产线中的点焊、弧焊、喷漆、切割、电子装配及物流系统的搬运、包装、码垛等作业的机器人。

它能通过人类的指挥，按照编辑的程序来执行某些特定的工作及动作，是靠自身的动力和控制能力来实现某些功能，现代发展的工业机器人还可以根据人工智能技术制定的原则来实现各种功能和动作。

工业机器人集精密化、柔性化、智能化、软件应用开发等先进制造技术于一体，通过对过程实施检测、控制、优化、调度、管理和决策，实现增加产量、提高质量、降低成本、减少资源消耗和对环境的污染，是工业自动化水平的最高体现。使用工业机器人的优越性是显而易见的，不仅精度高，产品质量稳定，而且自动化程度极高，可大大减轻工人的劳动强度，提高生产效率。工业机器人的典型应用包括焊接、喷涂、装配、采集和放置(例如包装、码垛和 SMT)、产品检验和测试等。

工业机器人综合应用了计算机、自动控制、自动检测及精密机械装置等高新技术，技术密集度及自动化程度都很高。是继动力机械、计算机之后，出现的全面延伸人的体力和智力的新一代生产工具，是实现生产数字化、自动化、网络化以及智能化的重要手段。

目前，生产工业机器人的企业以国外企业为主，其中瑞典 ABB、德国 KUKA、日本安川电机和发那科四大家族占据了大部分市场份额，国产的工业机器人企业普遍规模较小，代表性的国内企业有上海新时达、沈阳新松、广州数控、安徽埃夫特和南京埃斯顿等。

2. ABB 工业机器人介绍

ABB 是世界领先的机器人制造商，自 1974 年发明世界上第一台工业机器人以来，一直致力于研发和生产机器人，至今已有超过 40 年的历史。ABB 拥有当今种类最多、最全面的机器人产品、技术和服务，以及最大的机器人装机量，已在全球范围内安装了超过 20 万台机器人，主要市场包括汽车、塑料、金属加工、铸造、太阳能、消费电子、木制品、机床、制药和食品饮料等行业。

ABB
工业机器人介绍

ABB 分支机构遍及世界各地 53 个国家，约 100 个地区。ABB 工业机器人全球业务总部设在中国上海，在瑞典、捷克、挪威、墨西哥、日本和美国等地也设有机器人研发和制造基地。ABB 集团是目前唯一一家在中国从事工业机器人研发和生产的国际企业。

1974 年，向瑞典南部一家小型机械工程公司交付全球首台微机控制电动工业机器人——由 ASEA 制造的 IRB 6，该机器人设计已于 1972 年获发明专利。

1975 年，售出首台弧焊机器人(IRB 6)。

1979 年，推出首台电动点焊机器人(IRB 60)。

1986 年，推出有效载荷为 10 kg 的 IRB 2000 机器人，这是全球首台由交流电机驱动的机器人，采用无间隙齿轮箱，工作范围大，精度高。

1991 年，推出有效载荷为 200 kg 的 IRB 6000 大功率机器人。该机器人采用模块化结构设计，是当时市场上速度最快、精度最高的点焊机器人。

1998 年，推出 FlexPicker 机器人——世界上速度最快的拾放料机器人。

2001 年，推出全球首台有效载荷高达 500 kg 的工业机器人 IRB 7600。

2002 年，在 Euroblech 展览会上推出 IRB 6600 机器人，一种可向后弯曲的大功率机器人。

2004 年，推出新型机器人控制器 IRC5。该控制器采用模块化结构设计，是一种全新的按照人机工程学原理设计的 Windows 界面装置，可通过 MultiMove 功能实现多机器人（最多 4 台）完全同步控制，从而为机器人控制器确立了新标准。

2005 年，推出 55 种新产品和机器人功能，包括 4 种新型机器人：IRB 660、IRB 4450S、IRB 1600 和 IRB 260。

3. 如何用好 ABB 工业机器人

下面从操作者的角度来介绍一下 ABB 工业机器人使用中应注意的事项，以保证工业机器人的优越性得以充分发挥，减少工业机器人因不当操作而损坏。

（1）提高操作人员的综合素质

工业机器人的使用有一定的难度，因为工业机器人是典型的机电一体化产品，它涉及的知识面较宽，即操作者应具有机、电、液、气等更宽广的专业知识，因此对操作人员提出的素质要求是很高的。目前，一个不可忽视的现象是工业机器人的用户越来越多，但工业机器人利用率还不算高，当然有时是生产任务不饱和，但还有一个更为关键的因素是工业机器人操作人员素质不够高，碰到一些问题时不知如何处理。工业机器人的使用者应具有较高的素质，能冷静对待问题，头脑清醒，现场判断能力强，还应具有较扎实的自动化控制技术基础等。一般情况下，新购进工业机器人时，设备提供商会为用户提供技术培训的机会，时间虽然不长，但针对性很强，用户应予以重视，参加培训的人员应包括以后的机器人操作者以及维修人员。操作人员综合素质的提高不可能一蹴而就，要在日后的使用中应不断积累。另外，可以走访一些机器人同类应用的老用户，他们有很强的实践经验，最有发言权，可请求他们的帮助，让他们为操作者以及维修人员进行一定的培训，这是短时间内提高操作人员综合素质最有效的办法。

（2）遵循正确的操作规程

不管什么类型的工业机器人，都有一套自己的操作规程。它既是保证操作人员安全的重要措施之一，也是保证设备安全、产品质量等的重要措施。使用者在初次操作机器人时，必须认真地阅读设备提供商提供的使用说明书，按照操作规程正确操作。机器人在第一次使用或长期未使用时，先慢速手动操作各轴进行运动，这些对于初学者尤其应引起重视。

（3）尽可能提高机器人的开动率

工业机器人购进后，如果它的开动率不高，不但使用户投入的资金不能起到再生产的作用，而且很可能因过保修期，设备发生故障需要支付额外的维修费用。因此在保修期内尽量多发现问题，平常缺少生产任务时，也不能空闲不用。这不是对设备的爱护，若长期不用，反而可能由于受潮等原因加快电子元器件的变质或损坏，并出现机械部件的锈蚀问题。如长期不用，使用者要定期通电，进行空运行 1 小时左右。正所谓"生命在于运动"，机器也是适用这一道理的。

项目二　工业机器人基本操作

【知识点】

- 工业机器人的基本操作；
- 工业机器人示教器认识；
- 工业机器人示教器的使用。

【技能点】

- 工业机器人工作站的开关机操作；
- 工业机器人示教器的基本设置；
- 工业机器人常用信息与事件日志的查看；
- 工业机器人的手动操纵；
- 工业机器人自动运行的操作；
- 工业机器人程序模块的导入；
- 工业机器人数据的备份与恢复；
- 工业机器人转数计数器的更新；
- 工业机器人工具坐标系设置；
- 工业机器人工件坐标系设置。

任务一　工业机器人工作站的开关机

【任务描述】

在了解 ABB 工业机器人工作站基本构成的基础上，按照步骤正确地进行工作站开关机的操作。

【知识学习】

工业机器人工作站组成及功能。

（1）ABB 机器人概述

ABB 是全球领先的工业机器人供应商，它提供机器人产品、模块化制造单元及服务，在世界范围内安装了超过 20 万台机器人。

ABB 工业机器人工作站介绍

本书所介绍的工作站采用型号为 ABB IRB120 的六自由度工业机器人（以下简称 IRB120 机器人），与其配套的机器人控制柜型号为 IRC5。IRB120 机器人是迄今最小的多用途机器人，已经获得 IPA 机构"ISO5 级洁净室（100 级）"的达标认证，能够在严苛的洁净室环境中充分发挥优势。该机器人本体的安装角度不受任何限制；机身表面光洁，便于清洗；空气管线与用户信号线缆从底脚至手腕全部嵌入机身内部，易于机器人集成。由于其出色的便携性与集成性，使 IRB120 机器人成为同类产品中的佼佼者。

ABB机器人由机械系统、控制系统和驱动系统三大重要部分组成。其中,机械系统即为机器人本体,是机器人的支承基础和执行机构,包括基座、臂部、腕部;控制系统是机器人的大脑,是决定机器人功能和性能的主要因素,主要功能是根据作业指令程序以及从传感器反馈回来的信号,从而控制机器人在工作空间中的位置运动、姿态和轨迹规划、操作顺序及动作时间等;驱动系统是指驱动机械系统动作的驱动装置。IRB120机器人本体和IRC5紧凑型控制柜如图2-1所示,其工作范围如图2-2所示。

  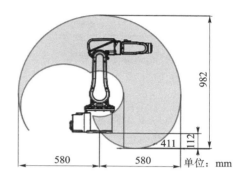

图 2-1 ABB IRB120 机器人本体和 IRC5 紧凑型控制柜　　　　**图 2-2 工作范围**

IRB120机器人的参数见表2-1。

表 2-1 IRB120 机器人规格参数

规格参数			
轴数	6	防护等级	IP30
有效载荷	3kg	安装方式	落地式
到达最大距离	0.58m	机器人底座规格	180mm×180mm
机器人重量	25kg	重复定位精度	0.01mm
运动性能及范围			
轴序号	动作范围		最大速度
1轴	回转:+165°至-165°		250°/s
2轴	立臂:+110°至-110°		250°/s
3轴	横臂:+70°至-90°		250°/s
4轴	腕:+160°至-160°		360°/s
5轴	腕摆:+120°至-120°		360°/s
6轴	腕传:+400°至-400°		420°/s

本工作站机器人控制柜配置的通讯I/O模块型号为DSQC652。通过与PLC之间的相互通讯,来控制工具和气缸等设备。在编程中会使用到的I/O信号定义见表2-2。

表 2 - 2　I/O 信号定义表

信　号	功　能
DO9	机器人给 PLC 的输出信号 DO9 的值为 1 时,夹爪夹紧,值为 0 时夹爪松开
DO10	机器人给 PLC 的输出信号 DO10 的值为 1 时,冲压推料气缸启动,值为 0 时冲压推料气缸关闭
DI9	皮带光电检测到物料块,PLC 给机器人的输入信号 DI9
DI10	冲压完成光电检测到物料块,PLC 给机器人的输入信号 DI10
DI11	控制面板上旋转开关旋转到流水线模式,PLC 给机器人的输入信号
DI12	控制面板上旋转开关旋转到写字模式,PLC 给机器人的输入信号

(2) 多功能实训操作台

1) 气压控制单元

气压控制单元由手滑阀、空气过滤元件和调压阀组成,如图 2 - 3 所示。当手滑阀滑到右侧时(正面面对调压阀气压表为方向基准),气路打开,滑到左侧气路关闭;调压阀调整气压操作需要先将旋钮向上拔起,然后顺时针旋转旋钮降低气压,逆时针旋转升高气压。若旋钮未拔起,则不能调节气压大小。

2) 轨迹路线功能模块

轨迹路线模块如图 2 - 4 所示。它包含两个 TCP 对位点和不同几何形状的孔,可用于编辑、调试不同的轨迹程序。

图 2 - 3　气压控制单元　　　　　　　图 2 - 4　轨迹路线模块

3) 井式送料和传送带模块

井式送料模块和传送带模块如图 2 - 5 所示,由一个井式送料架、一个推料气缸、一个光电传感器和一个传送带机构组成。

井式送料模块和传送带模块主要是实现将码垛盘中搬运的物料块送到井式送料架中,用传送带输送到冲压工作区,再由机器人进行搬运,进而进行冲压等工作。

4) 码垛搬运模块

码垛模块由两个码垛盘构成,机器人可通过编程将物料块在码垛盘之间搬运,并且能以多种形式堆放,如图 2 - 6 所示。

5) 模拟冲压模块

(a) 井式送料架　　　　　　　　　　　　　(b) 传送带模块

图 2-5　井式送料架及传送带模块

　　模拟冲压模块由两个推送物料气缸、一个冲压气缸和冲压前后光电检测传感器等传感器组成,如图 2-7 所示。

　　模拟冲压模块主要是实现当物料块被机器人搬运到指定位置后,将物料气缸物料块推送到冲压气缸下,从而实现模拟的冲压过程。在冲压结束后由另一个推送物料气缸将物料块推出,等待机器人将物料块取走。

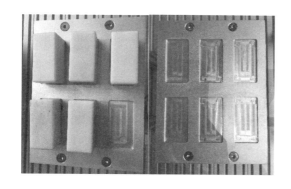

图 2-6　码垛盘　　　　　　　　　　图 2-7　模拟冲压模块

　　6) 工件识别模块

　　工件识别模块如图 2-8 所示,模块上安装有 1 个欧姆龙传感器,机器人夹取工件后通过传感器检测是否夹取成功。如果机器人夹取成功,则冲压模块进行下一个工件的冲压,如果没有夹取工件,则冲压模块停止工作。

　　7) 操作面板

　　多功能实训操作台的操作面板布局如图 2-9 所示。

　　操作面板上对应有 8 个输出指示灯和 8 个输入开关,是用户自定义输入输出信号的预留配置;1 个电源指示灯,接通电源指示灯亮;1 个钥匙开关按钮,控制工作站的启动和停止,按下启动按钮,教学操作台即开始工作,按下停止按钮则在执行当前操作后停止;3 种工作模式的旋钮,分别为写字、示教和流水线,模式切换通过模式旋钮实现,也可以直接在显示屏上触摸启动复位等按钮,且每个模式对应触摸屏上的状态指示灯,当需要切换模式时,需要依次按下停止、急停、复位按钮,必须让各个气缸及其磁开关恢复到初始状态,否则模式切换后无法启动;1 个急停按钮,当出现紧急情况,可以拍下急停按钮,机器人会立即停止;当气缸运行出现故障,即气缸运行指令发出但气缸不工作时,蜂鸣器会报警提示故障。

图 2-8　工件识别模块

图 2-9　操作面板

8) PLC 控制单元

多功能教学操作台采用的是西门子 S7-200 CPU ST40 系列的 PLC 控制模块。当进行操作面板控制和机器人控制时,已连接外部 I/O 信号的 K1、K2、K3、K4、K5、K6、K7 和 K8 继电器信号会发生当前模式对应动作,同时 PLC 控制模块也会根据模式输出相应气缸信号、传感器控制信号等。PLC 控制单元如 2-10 所示。

9) 写字绘图模块

本工作站能够通过离线编程软件或者示教编程完成轨迹规划,离线编程主要是通过 RobotArt 软件生成轨迹代码,然后将轨迹代码导入到机器人示教器中,用软笔为工具实现写字绘图功能。图 2-11 所示为工作站中配备的写字绘图模块,由一个平台和数个夹子组成,可以将

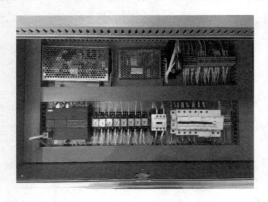

图 2-10　PLC 控制单元

图 2-11　写字绘图平台

白纸固定在平台上供机器人写字绘图。

【任务实施】

工作站基本操作流程：

① 检查设备是否都处于默认安全状态；

② 机器人工作范围内、各个气缸行程范围内、传送带上没有杂物；

③ 气阀开关打开，调压阀调整进气压力至 0.4 MPa；

④ 打开总电源及各设备电源，开启除机器人外的所有设备；

⑤ 打开机器人电源，开启机器人；

⑥ 检查机器人工作状态良好；

⑦ 在相应的模式下工作时，在操作面板上切换模式，如流水线生产时，启动流水线运行模式。

（1）开机操作

机器人实际操作的第一步就是开机，只要将机器人控制柜上的总电源旋钮从 OFF 扭转到 ON（见图 2－12）即可。

（2）关机操作

关机操作的具体步骤见表 2－3。

机器人
的开关机及重启

(a) ON

(b) OFF

图 2－12　开机操作

表 2-3 关机的操作步骤

序　号	操作步骤	说　明
1	单击示教器界面左上角的主菜单按钮,然后单击"重新启动"	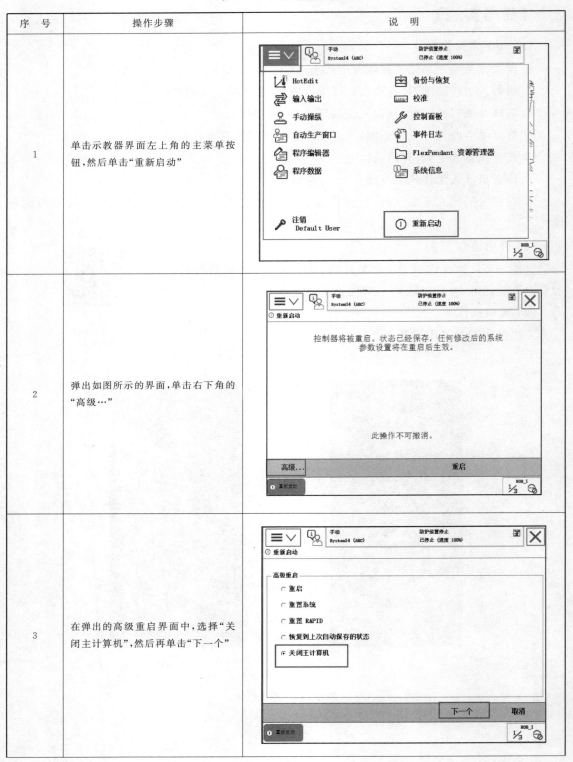
2	弹出如图所示的界面,单击右下角的"高级…"	
3	在弹出的高级重启界面中,选择"关闭主计算机",然后再单击"下一个"	

续表 2 - 3

序　号	操作步骤	说　明
4	弹出提示界面,单击"关闭主计算机"	（界面图示）手动 System14 (ABC)　防护装置停止　已停止 (速度 100%)　重新启动　主计算机将被关闭。应在控制器 UPS 故障时使用。　此操作不可撤消。　高级…　关闭主计算机　重新启动　1/3　ROB_1
5	等待示教器屏幕变成白色时,将总电源开关从 ON 扭转到 OFF,就完成了对机器人的关机操作	

任务二　初识工业机器人示教器

【任务描述】

在认识 ABB 机器人示教器的基本结构及界面常用功能的基础上,设置示教器的语言和机器人系统时间,查看机器人常用信息与事件日志,能够完成程序模块的导入及机器人数据的备份与恢复。

【知识学习】

1. 初识示教器

示教器是进行机器人的手动操纵、程序编写、参数配置以及监控的手持装置,也是学习中最常用的控制装置。图 2 - 13 所示为示教器组成说明。

对于惯用手为右手的人来说,可左手握示教器,四指按在使能器按钮上,右手进行屏幕和按钮的操作,如图 2-14 所示。

示教器的使用

2. 示教器操作界面功能

（1）操作界面

ABB 机器人示教器的操作界面包含了机器人参数设置、机器人编程及系统相关设置等功能,如图 2-15 所示。比较常用的选项包括输入输出、手动操纵、程序编辑器、程序数据、校准和控制面板,操作界面各选项说明见表 2 - 4。

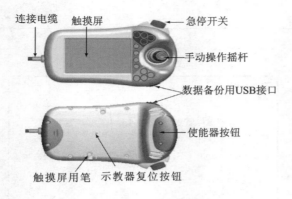

连接电缆　触摸屏　　　　急停开关

手动操作摇杆

数据备份用USB接口

使能器按钮

触摸屏用笔　示教器复位按钮

图 2-13　示教器组成说明

图 2-14　示教器把持方式

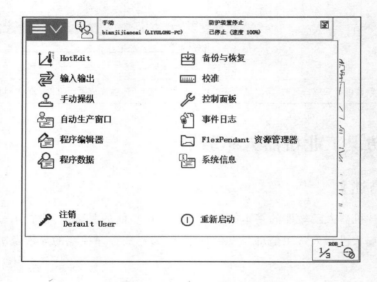

图 2-15　示教器操作界面

表 2-4　操作界面各选项说明

选项名称	说　明
HotEdit	程序模块下轨迹点位置的补偿设置窗口
输入输出	设置及查看 I/O 视图窗口
手动操纵	动作模式设置、坐标系选择、操纵杆锁定及载荷属性的更改窗口，也可显示实际位置
自动生产窗口	在自动模式下，可直接调试程序并运行
程序编辑器	建立程序模块及例行程序的窗口
程序数据	选择编程时所需程序数据的窗口
备份与恢复	可备份和恢复系统
校准	进行转数计数器和电机校准的窗口
控制面板	进行示教器的相关设定

选项名称	说　　明
事件日志	查看系统出现的各种提示信息
资源管理器	查看当前系统的系统文件
系统信息	查看控制器及当前系统的相关信息

（2）控制面板

ABB 机器人的控制面板包含了对机器人和示教器进行设定的相关功能，如图 2 - 16 所示，各选项的说明见表 2 - 5。

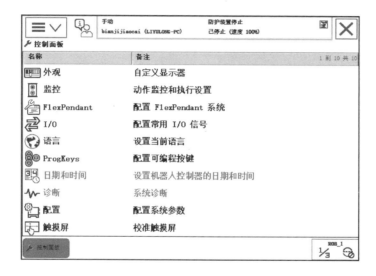

图 2 - 16　ABB 控制面板

表 2 - 5　控制面板各项说明

选项名称	说　　明
外观	可自定义显示器的亮度和设置左手或右手的操作习惯
监控	动作碰撞监控设置和执行设置
FlexPendant	示教器操作特性的设置
I/O	配置常用 I/O 列表，在输入输出选项中显示
语言	控制器当前语言的设置
ProgKeys	为指定输入输出信号配置快捷键
日期和时间	控制器的日期和时间设置
诊断	创建诊断文件
配置	系统参数设置
触摸屏	触摸屏重新校准

3. 使能器按钮的功能与使用

工业机器人的使能器按钮是为保证操作人员人身安全而设置的。只有在按下使能器按钮并保持在电机开启的状态,才可对机器人进行手动操作与程序调试。当发生危险时,人会本能地将使能器按钮松开或按紧,则机器人会马上停下来,保证安全。

使能器按钮分两挡,在手动状态下第一挡按下去,机器人将处于电机开启状态,如图 2-17 所示。

使能器按钮第二挡按下去以后,机器人又处于防护装置停止状态,如图 2-18 所示。

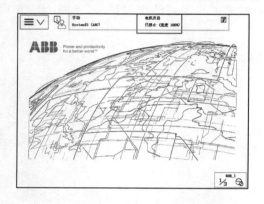

图 2-17 电机状态显示

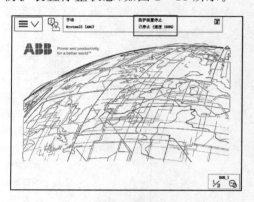

图 2-18 防护装置状态显示

【任务实施】

1. 示教器的语言设置

示教器出厂时,默认的显示语言为英语,为了方便操作,下面介绍把显示语言设定为中文的操作步骤(见表 2-6)。

表 2-6 示教器语言设置步骤

序　号	操作步骤	图片说明
1	单击示教器左上角的主菜单按钮,然后选择 Control Panel 这一选项	![Control Panel 菜单界面: HotEdit, Inputs and Outputs, Jogging, Production Window, Program Editor, Program Data, Backup and Restore, Calibration, Control Panel, Event Log, FlexPendant Explorer, System Info, Log Off Default User, Restart]

序　号	操作步骤	图片说明
2	在 Control Panel 找到 Language，单击选择 Language	
3	弹出各国家语言选项，选择 Chinese，然后单击 OK	
4	弹出系统重启提示，单击 Yes，系统重启	

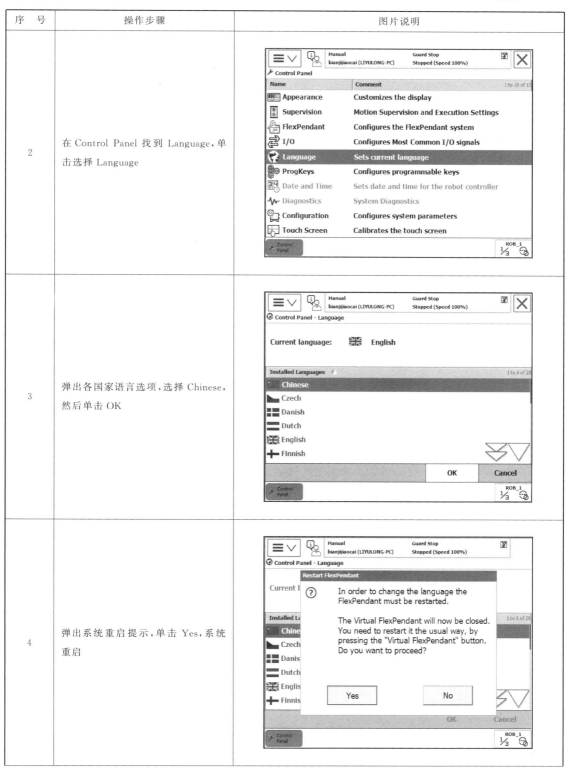

续表 2－6

序　号	操作步骤	图片说明
5	系统重启后,再单击示教器左上角主菜单,就能看到菜单已切换成中文界面	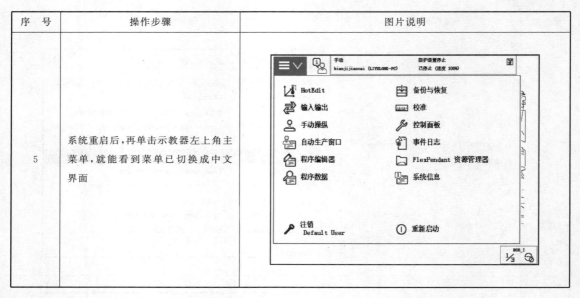

2. 设定机器人系统时间

为方便进行文件的管理和故障的查阅与管理,在进行各种操作之前要将机器人系统时间设定为本地时区时间,具体操作见表 2－7。

表 2－7　设定系统时间操作步骤

序　号	操作步骤	图片说明
1	单击示教器左上角的主菜单按钮	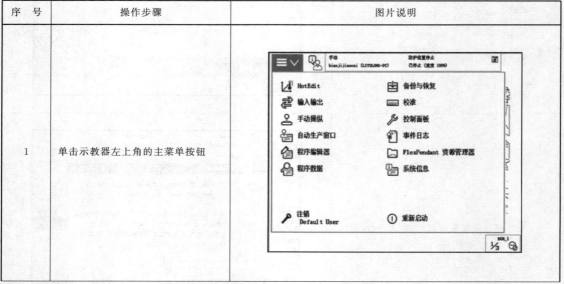

续表 2 - 7

序　号	操作步骤	图片说明
2	选择"控制面板",在控制面板的选项中选择"日期和时间",进行时间和日期的修改	

3. 机器人常用信息与事件日志的查看

可以通过示教器画面上的状态栏进行 ABB 机器人常用信息的查看,通过这些信息就可以了解到机器人当前所处的状态及一些存在的问题。

① 机器人的状态:有手动、全速手动和自动三种状态;

② 机器人系统信息;

③ 机器人电动机状态:如果使能键第一挡按下会显示电动机开启,松开或第二挡按下会显示防护装置停止;

④ 机器人程序运行状态:显示程序的运行或停止;

⑤ 当前机器人或外轴的使用状态。

机器人
系统信息的查看

在示教器的操作界面上单击如图 2-19 所示窗口的状态栏,就可以查看机器人的事件日志,会显示出操作机器人进行的事件的记录,包括时间、日期等,为分析相关事件提供准确的时间,如图 2-20 所示。

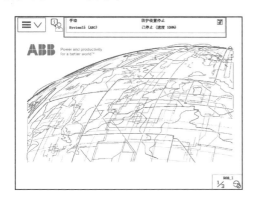

图 2 - 19　窗口状态栏

图 2 - 20　机器人事件日志

4. 机器人数据的备份与恢复

(1) 数据备份

为防止操作人员对机器人系统文件误删除,通常在进行机器人操作前备份机器人系统,备份的对象是所有正在系统内存运行的 RAPID 程序和系统参数,而当机器人系统无法启动或重新安装新系统时,也可利用已备份的系统文件进行恢复。备份系统文件是具有唯一性的,只能将备份文件恢复到原来的机器人中去,否则将会造成系统故障。

数据备份的具体操作步骤见表 2-8。

表 2-8　数据备份操作步骤

序　号	操作步骤	图片说明
1	单击示教器左上角主菜单按钮,选择"备份与恢复"	
2	单击"备份当前系统…"按钮	

序　号	操作步骤	图片说明
3	在弹出的选择备份位置的界面上单击"ABC…"按钮,进行存放备份数据目录名称的设定;单击"…",选择备份存放的位置(机器人硬盘或者USB存储设备),选择完成后单击"备份"进行备份的操作	
4	弹出等待界面,等待备份的完成	

(2) 数据恢复

数据恢复的具体操作步骤见表 2 - 9。

表 2-9 数据恢复的操作步骤

序 号	操作步骤	图片说明
1	单击示教器左上角主菜单按钮,选择"备份与恢复"	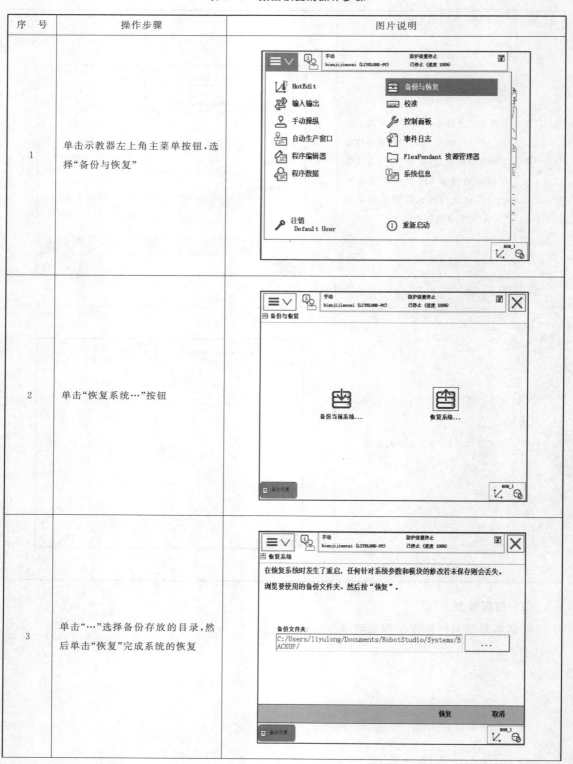
2	单击"恢复系统…"按钮	
3	单击"…"选择备份存放的目录,然后单击"恢复"完成系统的恢复	

序　　号	操作步骤	图片说明
4	弹出提示界面,单击"是",系统会恢复到系统备份时的状态	
5	系统正在恢复,恢复完成后会重新启动控制器	

5. 程序模块的导入

程序模块的导入主要是用于将离线编程或文字编程生成的代码,用 U 盘导入到机器人中,主要操作步骤如表 2 - 10 所列。

表 2-10 程序模块导入操作步骤

序 号	操作步骤	图片说明
1	单击示教器左上角按钮，在主菜单中选择"程序编辑器"	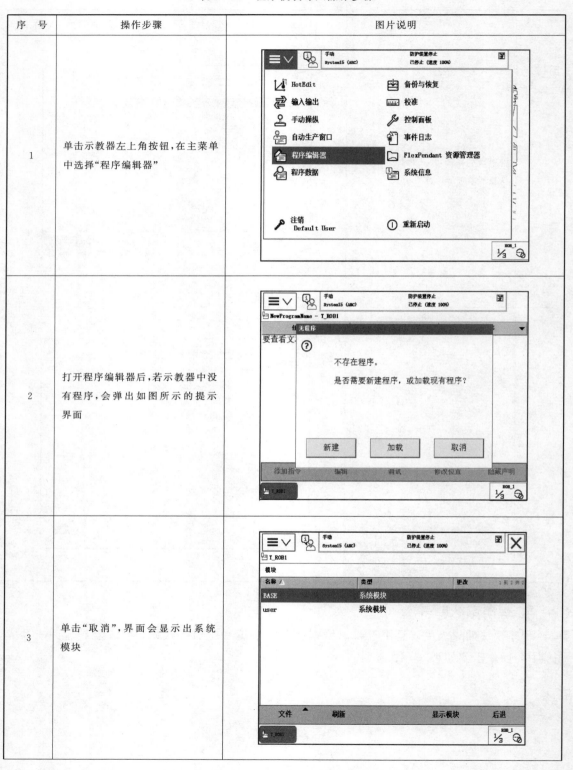
2	打开程序编辑器后，若示教器中没有程序，会弹出如图所示的提示界面	
3	单击"取消"，界面会显示出系统模块	

续表 2 - 10

序　号	操作步骤	图片说明
4	插入 U 盘,然后单击下方的"文件",选择"加载模块"	
5	弹出提示对话框,单击"是"继续操作	
6	界面出现所在系统所有的硬盘驱动器,如图所示,选择 U 盘所属的硬盘,单击进入	

序　号	操作步骤	图片说明
7	在 U 盘中找到需要导入的程序文件,然后选中,单击"确定"	
8	导入成功,程序模块被导入到机器人中	
9	单击"显示模块",可以查看导入的程序文件	

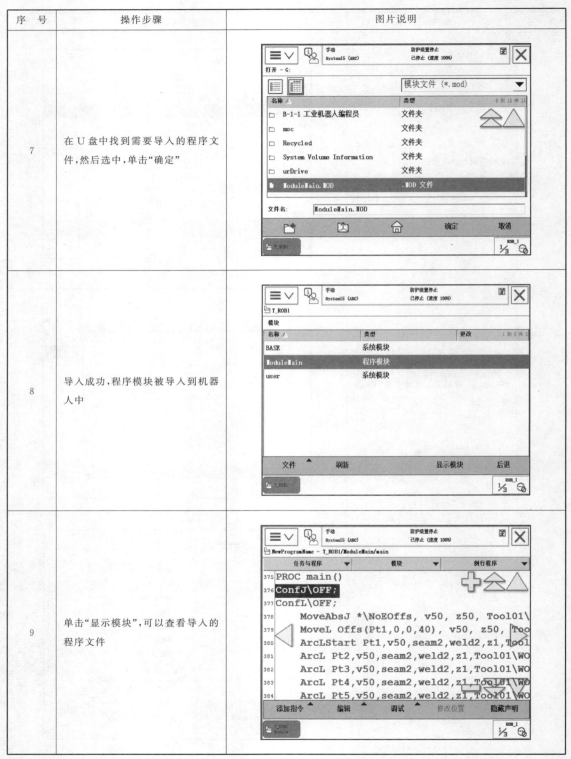

任务三　工业机器人的手动操作

【任务描述】

分别在三种模式下手动操作机器人,能够完成机器人转速计数器的更新,按步骤正确地进行机器人自动运行的操作。

【知识学习】

机器人的手动操作

1. 机器人的手动操作

手动操作机器人运动一共有三种模式:单轴运动、线性运动和重定位运动。下面介绍如何手动操作机器人进行这三种运动。

一般地,ABB 机器人是由 6 个伺服电动机分别驱动机器人的 6 个关节轴,每次手动操作一个关节轴的运动,就称之为单轴运动。如图 2-21 所示为六轴机器人 1~6 轴对应的关节示意图。单轴运动是每一个轴可以单独运动,所以在一些特别的场合使用单轴运动来操作会很方便,比如在进行转数计数器更新的时候可以用单轴运动的操作,还有机器人出现机械限位和软件限位,也就是超出移动范围而停止时,可以利用单轴运动的手动操作,将机器人移动到合适的位置。单轴运动在进行粗略定位和比较大幅度的移动时,相比其他手动操作模式会方便快捷很多。

图 2-21　6 轴机器人关节示意图

机器人的线性运动是指安装在机器人第 6 轴法兰盘上工具的 TCP 在空间中作线性运动。线性运动是工具的 TCP 在空间 X、Y、Z 的线性运动,移动的幅度较小,适合较为精确的定位和移动。

机器人的重定位运动是指机器人第 6 轴法兰盘上的工具 TCP 点在空间中绕着坐标轴旋转的运动,也可以理解为机器人绕着工具 TCP 点作姿态调整的运动。重定位运动的手动操作会更全方位地移动和调整。

2. 机器人转速计数器的更新

机器人的转数计数器用独立的电池供电,用来记录各个轴的数据。如果示教器提示电池没电,或者在断电情况下机器人手臂位置移动了,这时候需要对计数器进行更新,否则机器人运行位置是不准的。

转数计数器的更新也就是将机器人各个轴停到机械原点,把各轴上的刻度线和对应的槽对齐,然后在示教器进行校准更新。

ABB 机器人 6 个关节轴都是一个机械原点位置。在以下情况下,需要对机械原点的位置进行转数计数器更新操作:

① 更换伺服电机转数计数器电池后;

② 当转数计数器发生故障,修复后;

③ 转数计数器与测量板之间断开过以后;

④ 断电后,机器人关节轴发生了移动;

⑤ 当系统报警提示"10036 转数计数器更新"时。

单轴
运动的手动操作

【任务实施】

1. 单轴运动的手动操作

表 2 – 11 所列为手动操作单轴运动的方法。

表 2 – 11　手动操作单轴运动

序　号	操作步骤	图片说明
1	将机器人控制柜上的机器人状态钥匙切换到中间的手动限速状态	电源总开关 急停按钮 电机上电指示灯按扭 手动自动切换钥匙

序　号	操作步骤	图片说明
2	在状态栏中,确认机器人的状态已经切换为手动,机器人当前为手动状态	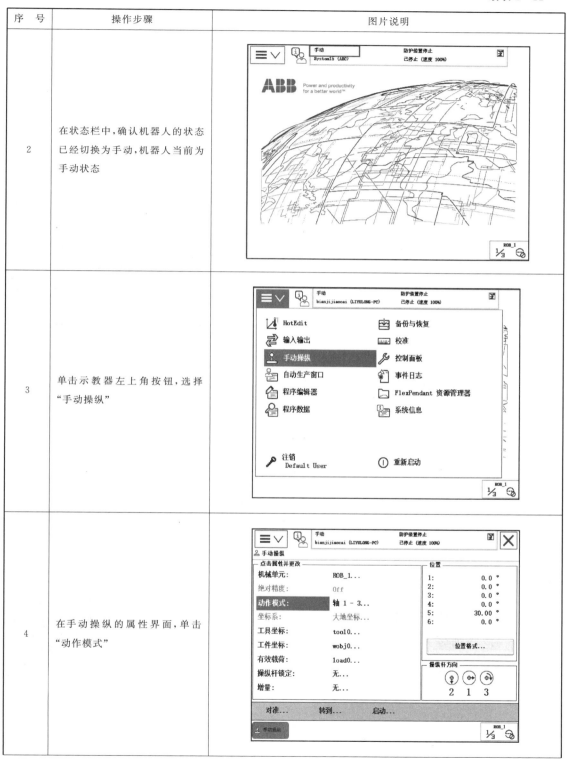
3	单击示教器左上角按钮,选择"手动操纵"	
4	在手动操纵的属性界面,单击"动作模式"	

序号	操作步骤	图片说明
5	动作模式有四种,选中"轴 1 - 3",然后单击"确定",就可以对机器人轴 1 - 3 进行操作;选中"轴 4 - 6",然后单击"确定",就可以对机器人轴 4 - 6 进行操作	
6	用手按下使能器,并在状态栏中确认已正确进入"电机开启"状态;手动操作机器人控制手柄,完成单轴运动,图中右下角显示的是轴 1 - 3 操纵杆方向,箭头方向代表正方向	

2. 线性运动的手动操作

表 2 - 12 所列为手动操作线性运动的方法。

线性
运动的手动操作

表 2 - 12　手动操作线性运动

序　号	操作步骤	图片说明
1	选择"手动操纵"	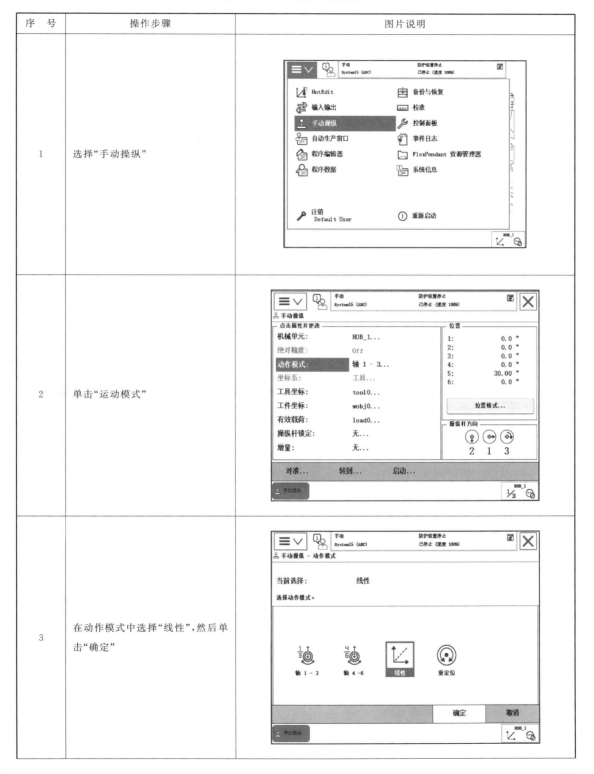
2	单击"运动模式"	
3	在动作模式中选择"线性",然后单击"确定"	

序　号	操作步骤	图片说明
4	机器人的线性运动要在工具坐标中指定对应的工具，单击"工具坐标"	
5	选中对应的工具 tool1，单击"确定"	
6	用手按下使能器，并在状态栏中确认已正确进入"电机开启"状态；手动操作机器人控制手柄，完成轴 X、Y、Z 的线性运动	

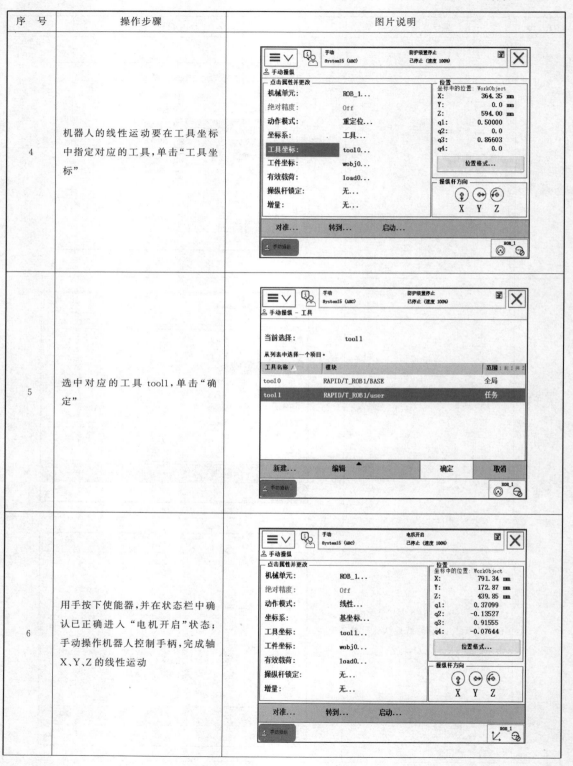

序　号	操作步骤	图片说明
7	操纵示教器上的操纵杆,工具的TCP点在空间中作线性运动	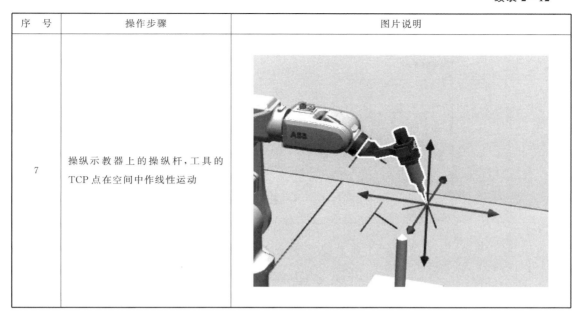

如果对使用操纵杆通过位移幅度来控制机器人运动的速度不熟练,可以使用"增量"模式来控制机器人的运动。在增量模式下,操纵杆每位移一次,机器人就移动一步。如果操纵杆持续一秒或数秒钟,机器人就会持续移动。

如图 2 – 22 所示,选中"增量"。弹出选择增量模式的界面,如图 2 – 23 所示,根据需要选择增量的移动距离,然后单击"确定"。表 2 – 13 所列为增量的移动距离和角度大小。

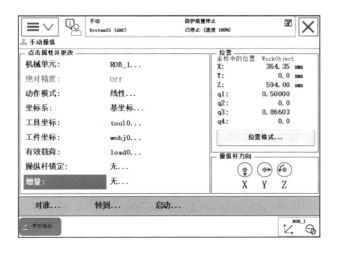

图 2 – 22　点击"增量"

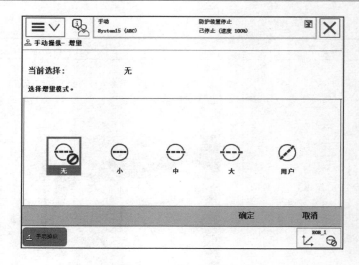

图 2-23 "增量"模式选择

表 2-13 移动距离与角度的增量

序　号	增　量	移动距离/mm	角度/°
1	小	0.05	0.005
2	中	1	0.02
3	大	5	0.2
4	用户	自定义	自定义

3. 重定位运动的手动操作

重定位
运动的手动操作

表 2-14 所列为手动操纵重定位运动的方法。

表 2-14 手动操作重定位运动

序　号	操作步骤	图片说明
1	选择"手动操纵"	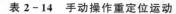

序　号	操作步骤	图片说明
2	单击"动作模式"	
3	在动作模式中选择"重定位"，然后单击"确定"	
4	单击"坐标系"	

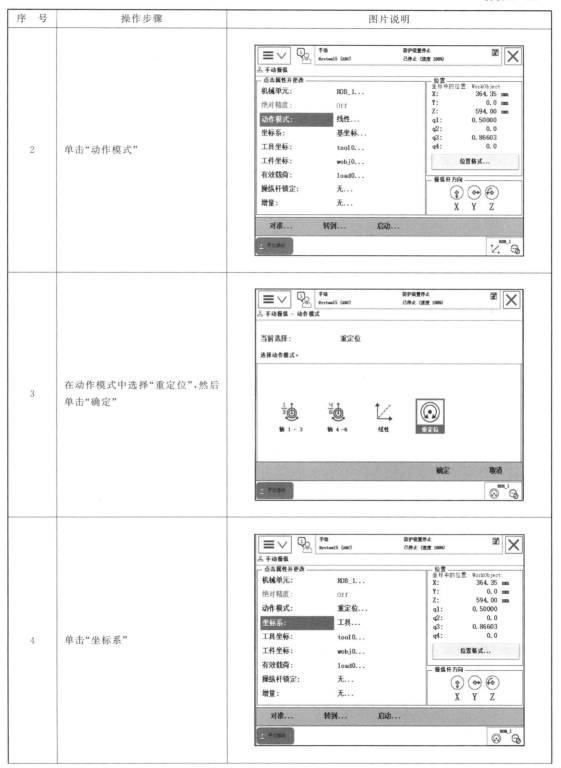

序　号	操作步骤	图片说明
5	坐标系界面中,有四种坐标系,选中"工具",然后单击"确定"	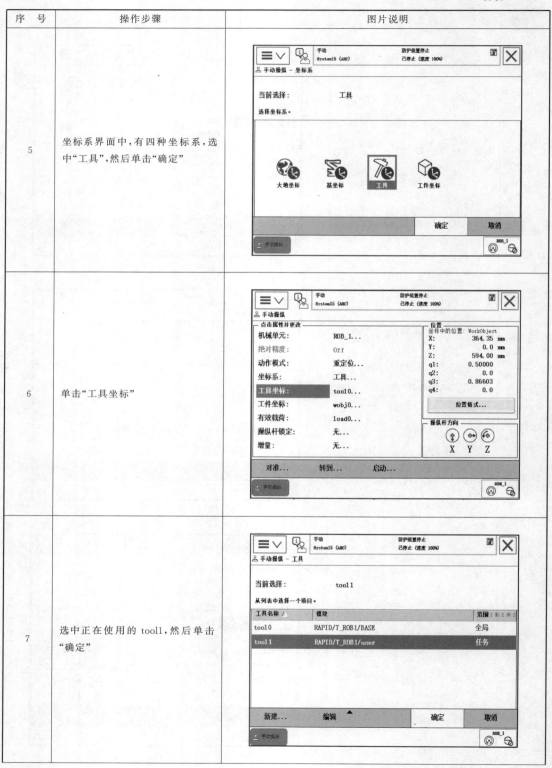
6	单击"工具坐标"	
7	选中正在使用的 tool1,然后单击"确定"	

序　号	操作步骤	图片说明
8	用手按下使能器,并在状态栏中确认已正确进入"电机开启"状态;手动操作机器人控制手柄,完成机器人绕着工具 TCP 点作姿态调整的运动	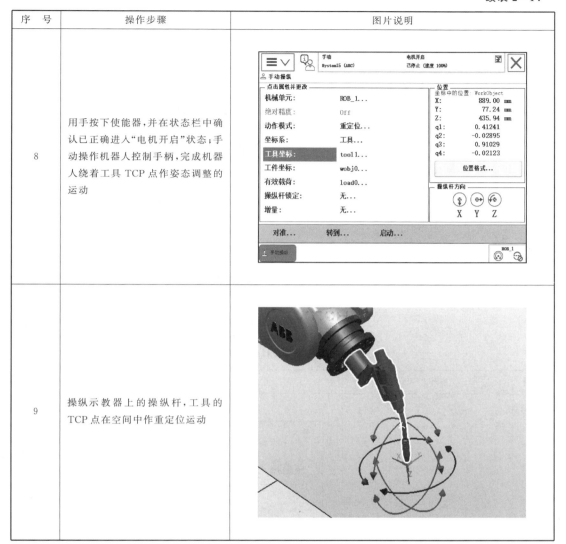
9	操纵示教器上的操纵杆,工具的 TCP 点在空间中作重定位运动	

4. 手动操纵的快捷操作

(1) 手动操纵的快捷按钮

在示教器的操作面板上设置有关于手动操纵的快捷键,方便在操作机器人运动时可以直接使用,不用返回到主菜单进行设置。手动操纵快捷键如图 2-24 所示,有机器人外轴的切换、线性运动和重定位运动的切换、关节运动轴 1～3 轴和 4～6 轴的切换,还有增量运动的开关。

手动
操作的快捷操作

(2) 手动操纵的快捷菜单

表 2-15 所列为手动操纵快捷菜单的具体操作步骤。

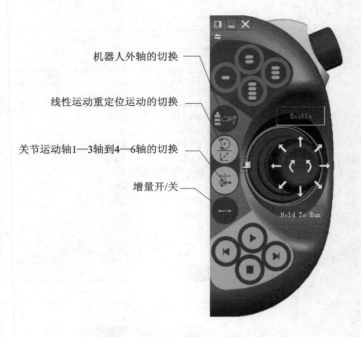

机器人外轴的切换

线性运动重定位运动的切换

关节运动轴1—3轴到4—6轴的切换

增量开/关

图 2-24 示教器手动操作键

表 2-15 手动操纵快捷菜单

序　号	操作步骤	图片说明
1	单击屏幕右下角的快捷菜单按钮	

序　号	操作步骤	图片说明
2	单击"手动操作" ![按钮] 按钮弹出选项	
3	单击"显示详情"展开菜单,可以对当前的"工具数据""工件坐标""操纵杆速度""增量开/关""碰撞监控开/关""坐标系选择""动作模式选择"进行设置	
4	单击"增量模式" ![按钮] 按钮,选择需要的增量,如果是自定义增量值,可以选择"用户模式",然后单击"显示值"就可以进行增量值的自定义了	

5. 机器人的自动运行

表 2-16 所列为机器人的自动运行具体操作步骤。

表 2-16　机器人的自动运行操作

序　号	操作步骤	图片说明
1	在机器人程序调好的前提下,将机器人控制柜上的控制模式切换钥匙打到自动模式	
2	示教器上会弹出切换为自动模式提示,单击"确定"	
3	按下电机上电指示灯,使其处于常亮状态;然后按下运行按钮,程序开始自动运行	

6. 机器人转数计数器更新

表 2-17 所列为进行 ABB 机器人转数计数器更新的操作。

表 2-17 转数计数器更新的操作步骤

序 号	操作步骤	图片说明
1	分别通过手动操纵,选择对应的轴动作模式,"4-6 轴"和"1-3 轴",按着顺序依次将机器人 6 个轴转到机械原点刻度位置,各关节轴运动的顺序为轴 4-5-6-1-2-3,各轴的机械原点刻度位置如图所示,各个型号的机器人机械原点位置会有所不同,具体可以参考 ABB 随机光盘说明书	
2	在主菜单界面选择"校准"	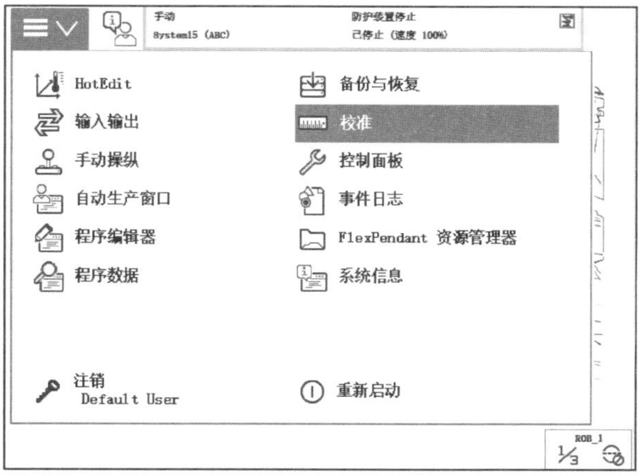

序　号	操作步骤	图片说明
3	选择需要校准的机械单元,单击 ROB_1	
4	选择"校准参数"	
5	选择"编辑电动机校准偏移"	

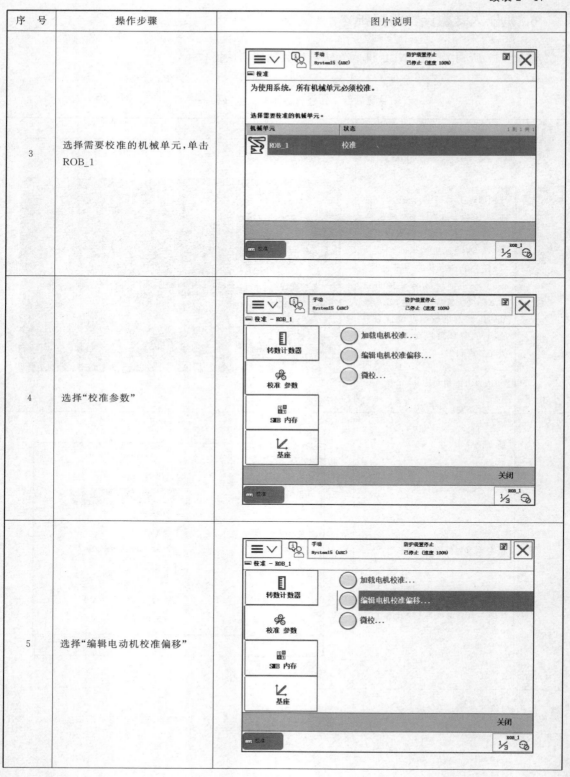

续表 2 - 17

序 号	操作步骤	图片说明
6	在弹出对话框中单击"是"	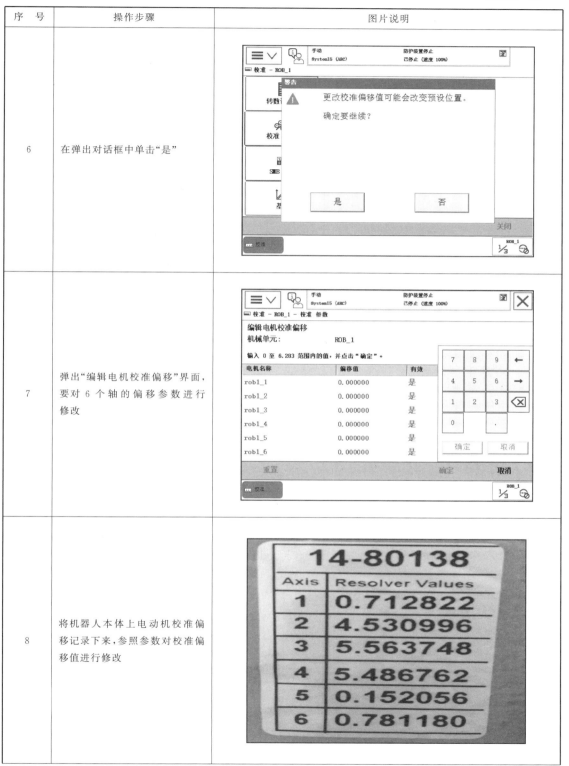
7	弹出"编辑电机校准偏移"界面，要对 6 个轴的偏移参数进行修改	
8	将机器人本体上电动机校准偏移记录下来，参照参数对校准偏移值进行修改	

序　号	操作步骤	图片说明
9	单击偏移值,在"编辑电动机校准偏移"中输入机器人本体上的电动机校准偏移数据,然后键盘上的"确认"	
10	输入所有新的校准偏移值后,单击"确定",将重新启动示教器;如果示教器中显示的电机校准偏移值与机器人本体上的标签数值一致,则不需要进行修改,直接单击"取消",跳到第 14 步	
11	在弹出对话框中单击"是",完成系统重启	

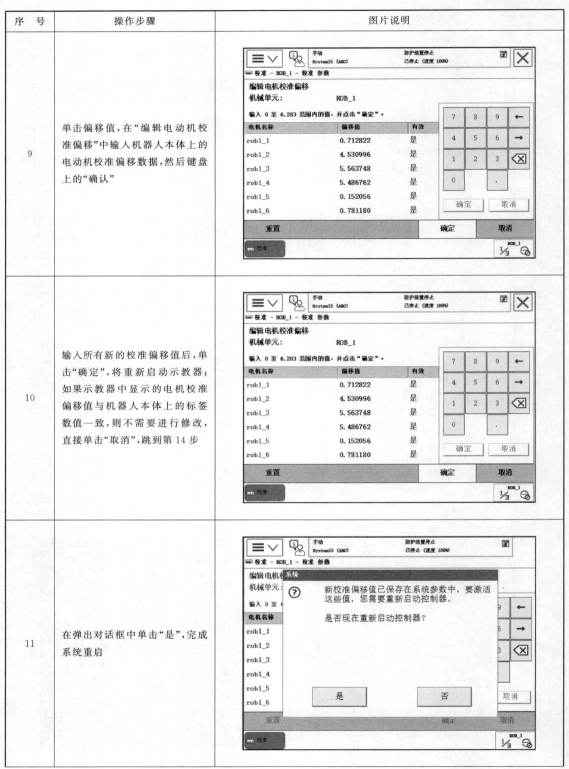

续表 2 - 17

序　号	操作步骤	图片说明
12	重启机器人控制器后,在示教器主菜单中单击"校准"	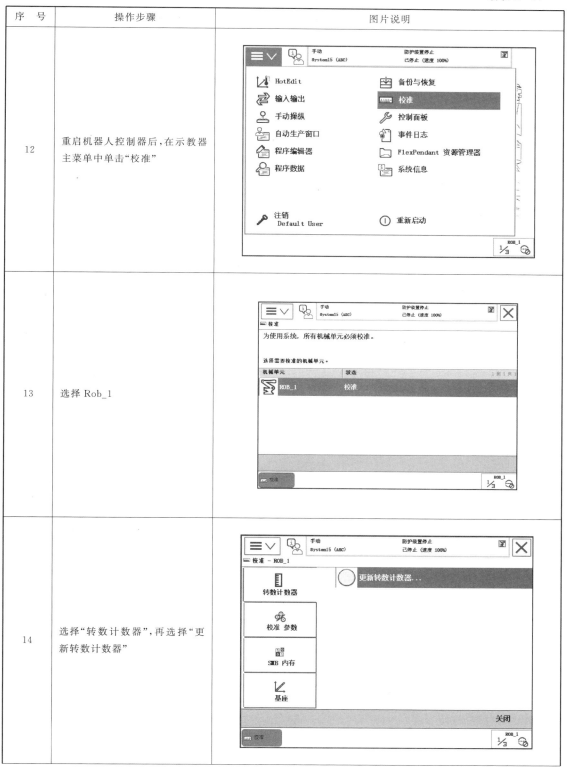
13	选择 Rob_1	
14	选择"转数计数器",再选择"更新转数计数器"	

序号	操作步骤	图片说明
15	在弹出对话框中单击"是"	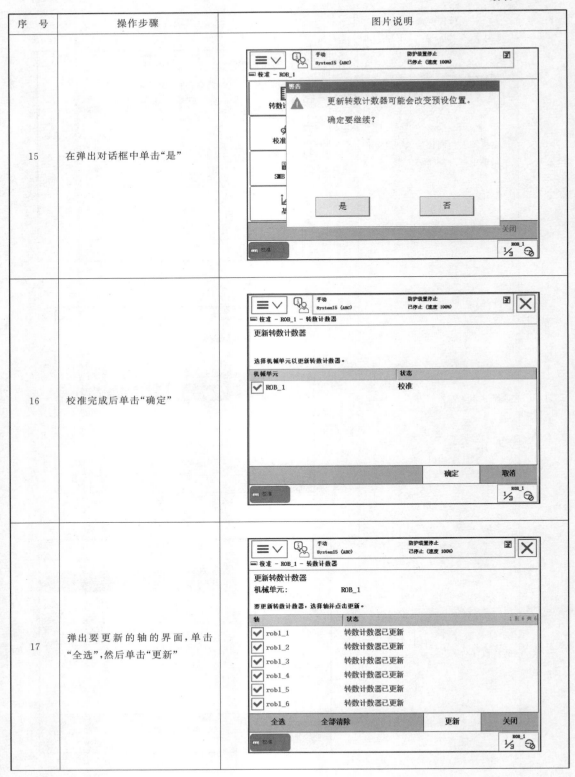
16	校准完成后单击"确定"	
17	弹出要更新的轴的界面，单击"全选"，然后单击"更新"	

序 号	操作步骤	图片说明
18	在弹出窗口中单击"更新"	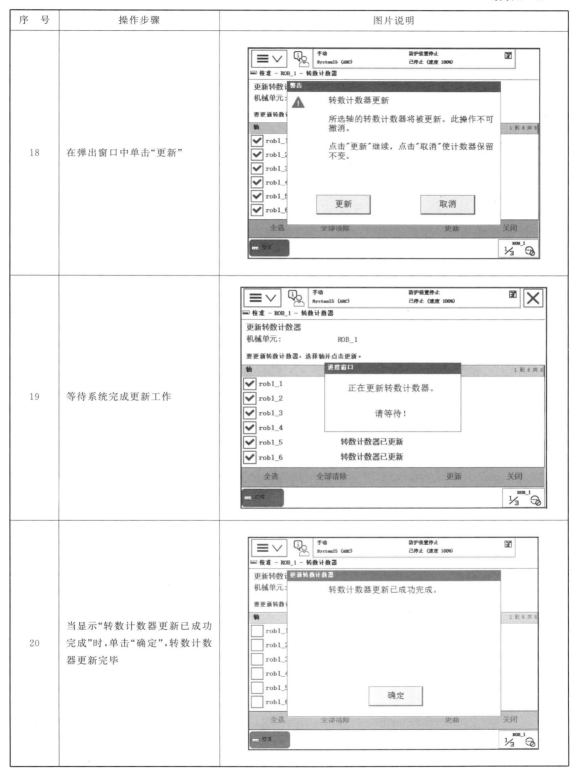
19	等待系统完成更新工作	
20	当显示"转数计数器更新已成功完成"时，单击"确定"，转数计数器更新完毕	

任务四　工具坐标系设置

【任务描述】

新建工具坐标系,按照步骤正确地进行 TCP 标定操作,然后在重定位模式下,操控机器人围绕该 TCP 点作姿态调整运动,测试工具坐标系的准确性。

【知识学习】

1. 工具数据 tooldata

工具数据 tooldata 用于描述安装在机器人第六轴上的工具坐标 TCP (工具坐标系的原点被称为 TCP-Tool Center Point ,即工具中心点)、质量、重心等参数数据。工具数据 tooldata 会影响机器人的控制算法(例如计算加速度)、速度和加速度监控、力矩监控、碰撞监控、能量监控等,因此机器人的工具数据需要正确设置。

工具数据
tooldata 的定义及方法

一般不同的机器人应用配置不同的工具,比如说弧焊的机器人使用弧焊枪作为工具,而用于搬运板材的机器人就会使用吸盘式的夹具作为工具,如图 2-25 所示。

图 2-25　配置的不同工具

所有机器人在手腕处都有一个预定义的工具坐标系,该坐标系被称为 tool0。这样就能将一个或者多个新工具坐标系定义为 tool0 的偏移值。

默认工具(tool0)的工具中心点位于机器人安装法兰的中心,图 2-26 中的标注点就是原始的 TCP 点。执行程序时,机器人将 TCP 移至编程位置,这意味着,如果要更改工具及工具坐标系,机器人的移动将随之更改,以便新的 TCP 到达目标。

图 2-26　TCP 原点及坐标系

TCP 的设定方法包括 N(3≤N≤9)点法、TCP 和 Z 法、TCP 和 Z,X 法。

① N(3≤N≤9)点法:机器人的 TCP 通过 N 种不同的姿态同参考点接触,得出多组解,通

过计算得出当前 TCP 与机器人安装法兰中心点(Tool0)相应位置,其坐标系方向与 Tool0 一致。

② TCP 和 Z 法:在 N 点法基础上,增加 Z 点与参考点的连线为坐标系 Z 轴的方向,改变了 tool0 的 Z 方向。

③ TCP 和 Z,X 法:在 N 点法基础上,增加 X 点与参考点的连线为坐标系 X 轴的方向,Z 点与参考点的连线为坐标系 Z 轴的方向,改变了 tool0 的 X 和 Z 方向。

设定工具数据 tooldata 的方法通常采用 TCP 和 Z,X 法(N=4)。其设定原理如下:

① 首先在机器人工作范围内找一个非常精确的固定点作为参考点;

② 然后在工具上确定一个参考点(最好是工具的中心点);

③ 用手动操纵机器人的方法,去移动工具上的参考点,以四种以上不同的机器人姿态尽可能与固定点刚好碰上,前三个点的姿态相差尽量大些,这样有利于 TCP 精度的提高,第四点是用工具的参考点垂直于固定点,第五点是工具参考点从固定点向将要设定为 TCP 的 X 方向移动,第六点是工具参考点从固定点向将要设定为 TCP 的 Z 方向移动;

④ 机器人通过这四个位置点的位置数据计算求得 TCP 的数据,然后 TCP 的数据就保存在 tooldata 这个程序数据中被程序进行调用。

在下面的实训章节中会具体讲解进行工具 TCP 标定的方法步骤。

2. 有效载荷 loaddata

有效
载荷 loaddata

如果机器人是用于搬运,就需要设置有效载荷 loaddata,因为对于搬运机器人,手臂承受的重量是不断变化的,所以不仅要正确设定夹具的质量和重心数据 tooldata,还要设置搬运对象的质量和重心数据 loaddata。有效载荷数据 loaddata 记录了搬运对象的质量、重心的数据。如果机器人不用于搬运,则 loaddata 设置就是默认的 load0。

表 2-18 所列为在示教器上设置有效载荷的步骤。

表 2-18　设置有效载荷的步骤

序　号	操作步骤	图片说明
1	在手动操纵窗口中选择"有效载荷"	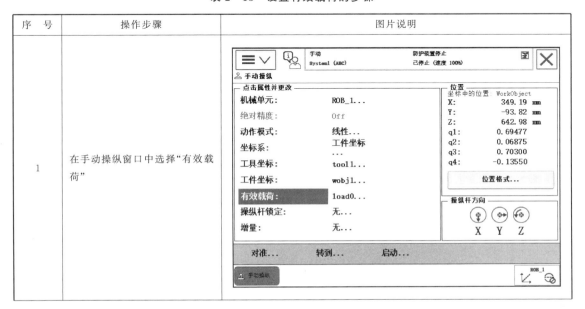

续表 2 - 18

序 号	操作步骤	图片说明
2	单击"新建…"	
3	弹出"新数据声明"界面,对有效载荷数据属性进行设定,单击"初始值"	
4	根据实际情况进行有效载荷数据的设定,各参数代表的含义见表 2 - 19	

序　号	操作步骤	图片说明
5	有效载荷数据设置完成后,在如图所示窗口中单击"确定"	
6	确定后界面返回到"新数据声明"界面,然后单击"确定",完成有效载荷的新建	
7	有效载荷设定完成后,需要在RAPID 程序中根据实际情况进行实时调整,以实际搬运应用为例,do1 为夹具控制信号	

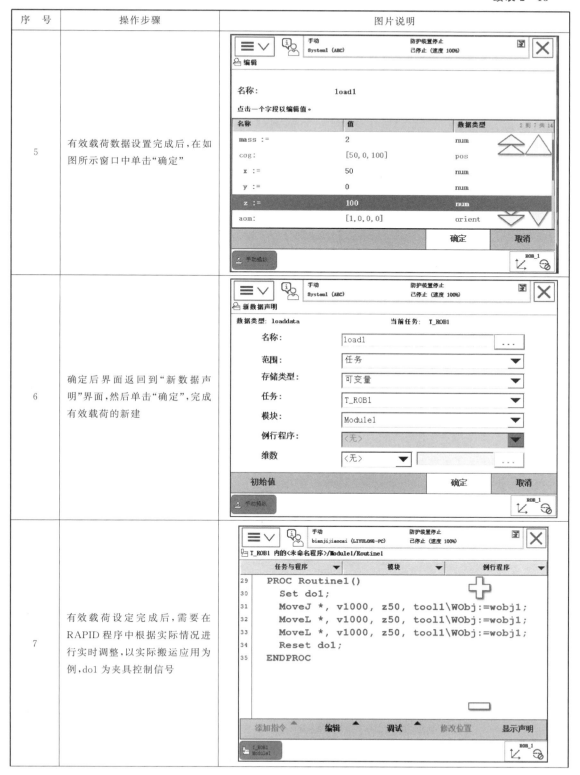

序　号	操作步骤	图片说明
8	打开指令列表,添加指令 Grip-load	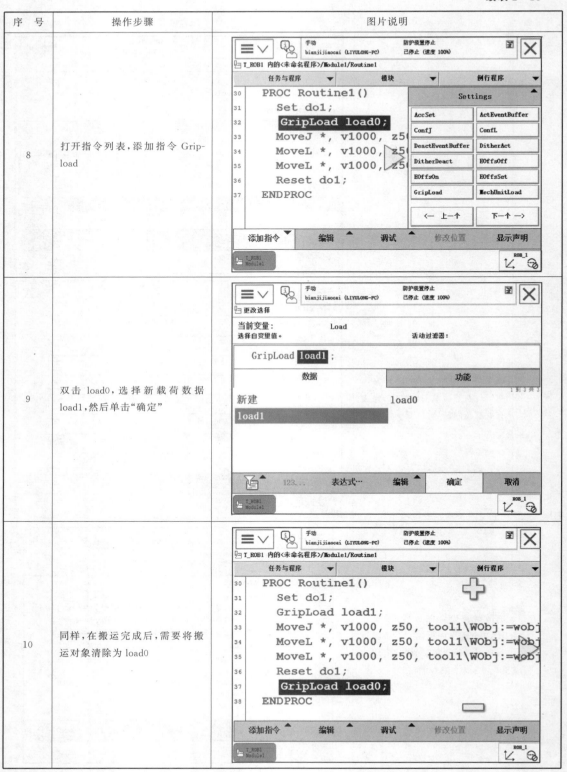
9	双击 load0,选择新载荷数据 load1,然后单击"确定"	
10	同样,在搬运完成后,需要将搬运对象清除为 load0	

表 2-19 所列为各有效载荷参数的含义。

表 2-19　有效载荷参数含义

名　称	参　数	单　位
有效载荷质量	load. mass	kg
有效载荷重心	① load. cog. x； ② load. cog. y； ③ load. cog. z	mm
力矩轴方向	① load. aom. q1； ② load. aom. q2； ③ load. aom. q3； ④ load. aom. q4	
有效载荷的转动惯量	① ix； ② iy； ③ iz	kg · m²

【任务实施】

1. 新建工具坐标系

新建工具坐标系的具体步骤见表 2-20。

表 2-20　新建工具坐标系的具体步骤

序　号	操作步骤	图片说明
1	单击示教器左上角的主菜单按钮	

序　号	操作步骤	图片说明
2	选择"手动操作"	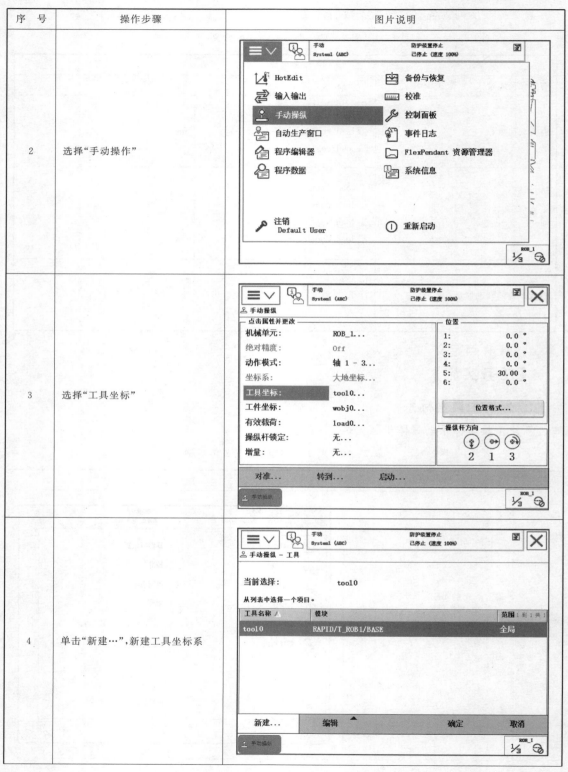
3	选择"工具坐标"	
4	单击"新建…",新建工具坐标系	

序　号	操作步骤	图片说明
5	弹出"新数据声明"界面,对工具数据属性进行设定后,如更改名称,单击后面的"…",会弹出键盘,可自行定义名称,然后单击"确定"	

2. TCP 点定义

TCP 点定义的具体操作步骤见表 2 - 21。

工具 TCP 的标定

表 2 - 21　TCP 点定义的操作步骤

序　号	操作步骤	图片说明
1	单击新建的 tool1→"编辑"→"定义…",进入下一步	

序　号	操作步骤	图片说明
2	在定义方法中选择"TCP 和 Z,X",采用 6 点法来设定 TCP,其中"TCP(默认方向)"为 4 点法设定 TCP,"TCP 和 Z"为 5 点法设定 TCP	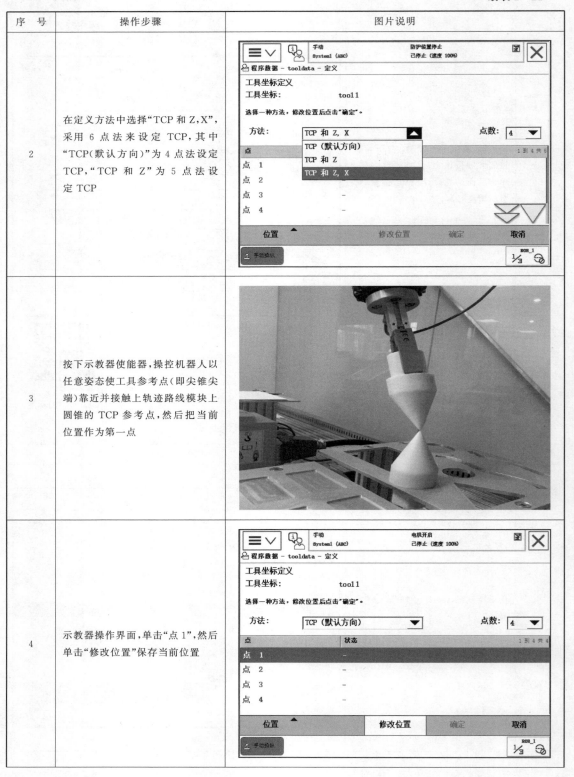
3	按下示教器使能器,操控机器人以任意姿态使工具参考点(即尖锥尖端)靠近并接触上轨迹路线模块上圆锥的 TCP 参考点,然后把当前位置作为第一点	
4	示教器操作界面,单击"点 1",然后单击"修改位置"保存当前位置	

序　号	操作步骤	图片说明
5	操控机器人变换另一个姿态使工具参考点靠近并接触上轨迹路线模块上的 TCP 参考点,把当前位置作为第 2 点(注意:机器人姿态变化越大,则越有利于 TCP 点的标定)	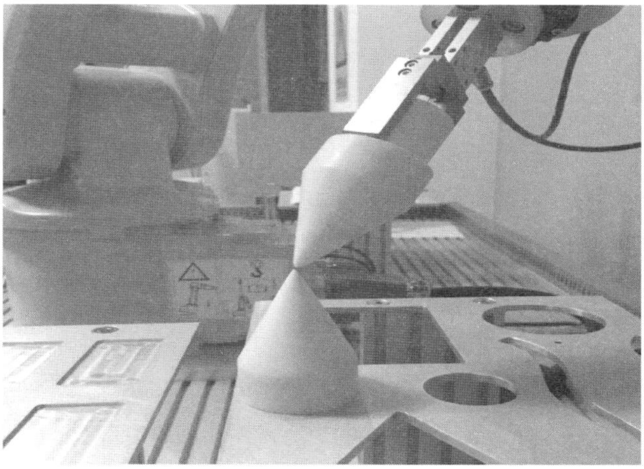
6	在示教器界面单击"点 2",然后单击"修改位置"保存当前位置	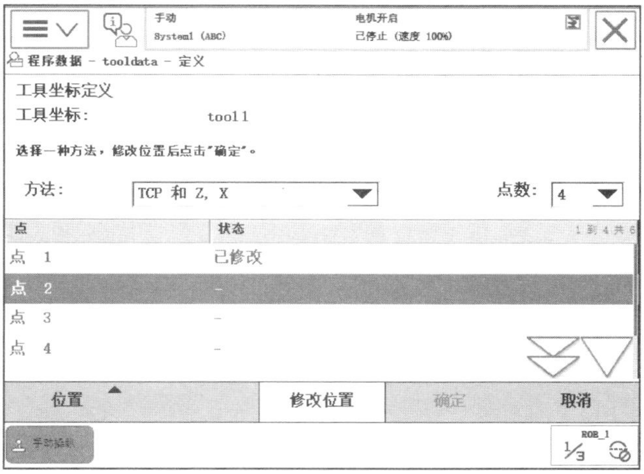
7	操控机器人变换另一个姿态使工具参考点靠近并接触上轨迹路线模块上的 TCP 参考点,如图所示,把当前位置作为第 3 点(注意:机器人姿态变化越大,则越有利于 TCP 点的标定)	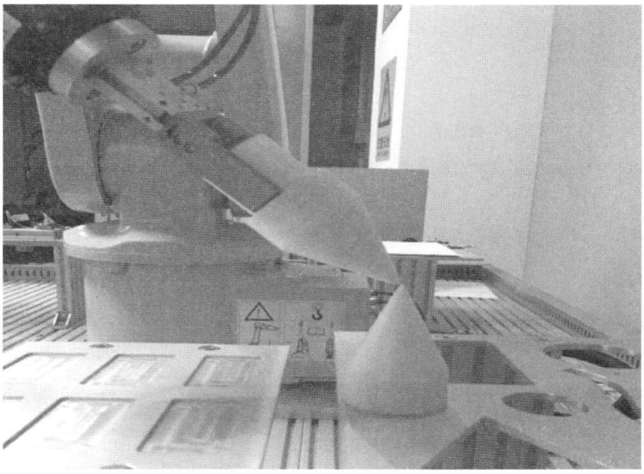

续表 2 - 21

序 号	操作步骤	图片说明
8	示教器界面如图所示,单击"点3",然后单击"修改位置"保存当前位置	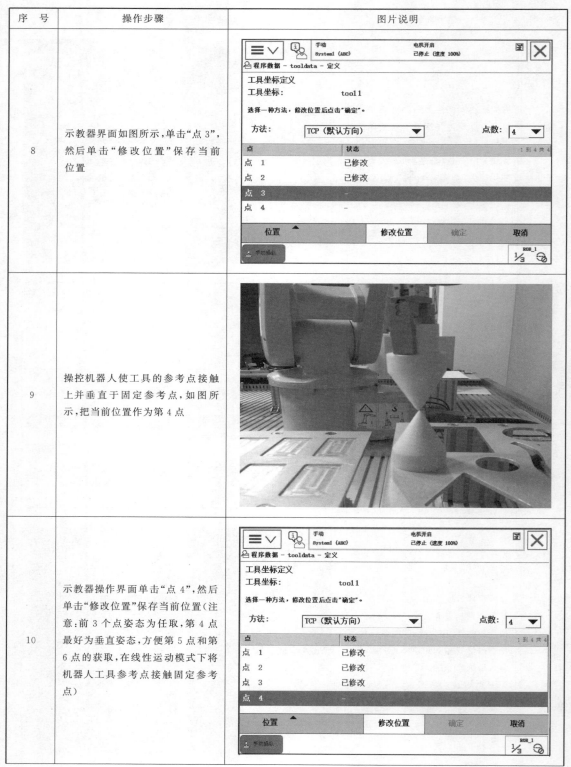
9	操控机器人使工具的参考点接触上并垂直于固定参考点,如图所示,把当前位置作为第4点	
10	示教器操作界面单击"点4",然后单击"修改位置"保存当前位置(注意:前3个点姿态为任取,第4点最好为垂直姿态,方便第5点和第6点的获取,在线性运动模式下将机器人工具参考点接触固定参考点)	

序　号	操作步骤	图片说明
11	以点 4 为固定点,在线性模式下,操控机器人运动向前移动一定距离,作为＋X 方向	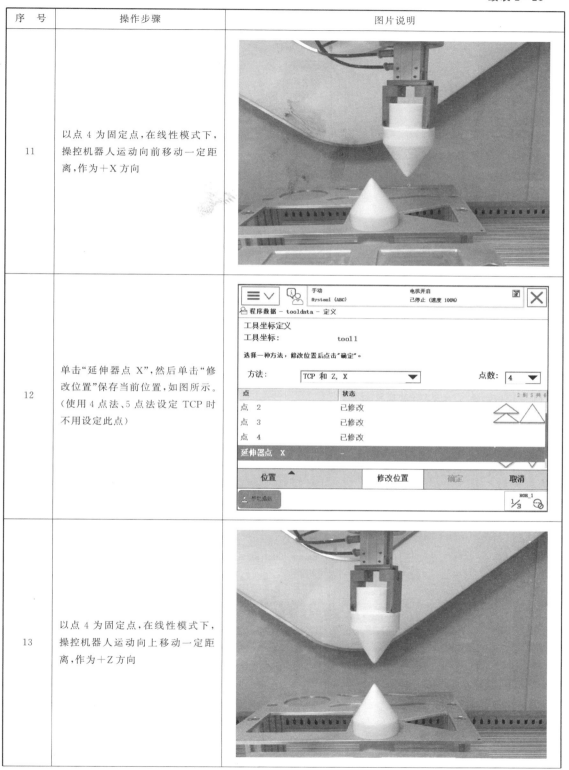
12	单击"延伸器点 X",然后单击"修改位置"保存当前位置,如图所示。(使用 4 点法、5 点法设定 TCP 时不用设定此点)	
13	以点 4 为固定点,在线性模式下,操控机器人运动向上移动一定距离,作为＋Z 方向	

序　号	操作步骤	图片说明
14	单击"延伸器点 Z"，然后单击"修改位置"保存当前位置，如图所示（使用 4 点法、5 点法设定 TCP 时不用设定此点）	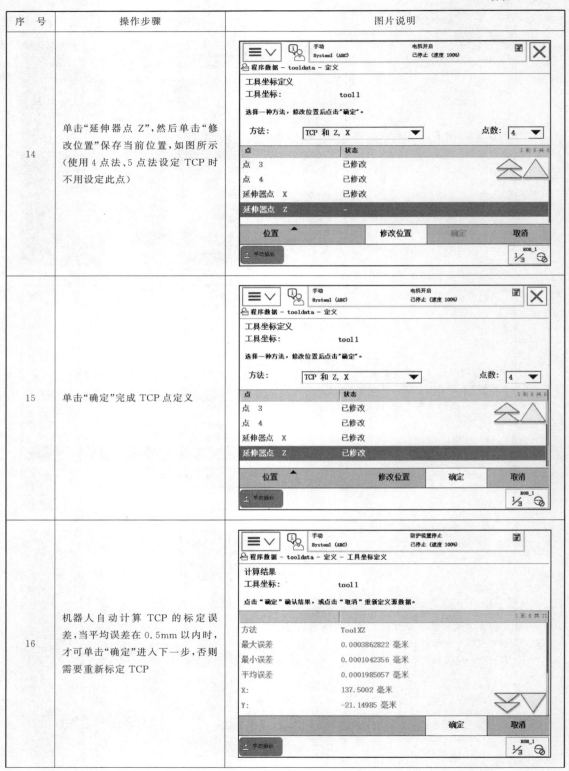
15	单击"确定"完成 TCP 点定义	
16	机器人自动计算 TCP 的标定误差，当平均误差在 0.5mm 以内时，才可单击"确定"进入下一步，否则需要重新标定 TCP	

序　号	操作步骤	图片说明
17	单击 tool1→"编辑"→"更改值…"进入下一步	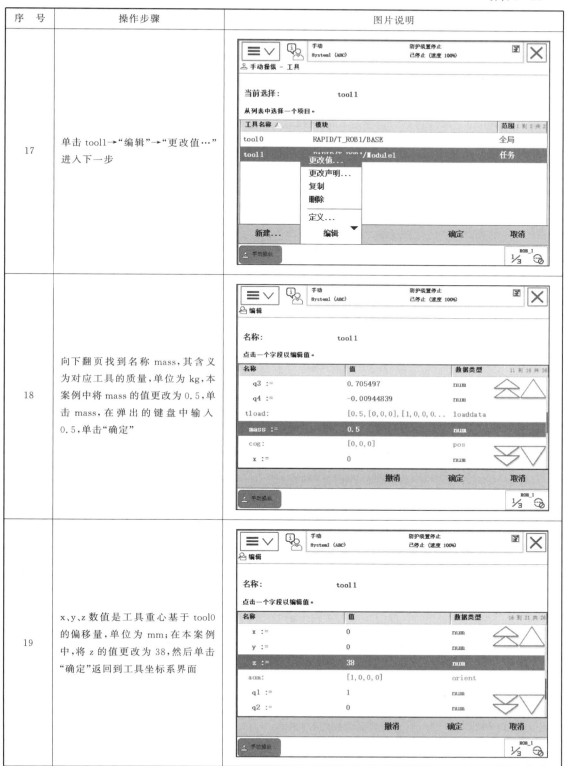
18	向下翻页找到名称 mass，其含义为对应工具的质量，单位为 kg，本案例中将 mass 的值更改为 0.5，单击 mass，在弹出的键盘中输入 0.5，单击"确定"	
19	x、y、z 数值是工具重心基于 tool0 的偏移量，单位为 mm；在本案例中，将 z 的值更改为 38，然后单击"确定"返回到工具坐标系界面	

序　号	操作步骤	图片说明
20	单击确定，就完成了 TCP 标定，并返回手动操作界面	

3．测试工具坐标系准确性

表 2－22 所列为测试工具坐标系准确性的操作步骤。

机器人的重定位运动

表 2－22　测试工具坐标系准确性的操作步骤

序　号	操作步骤	图片说明
1	在手动操作界面，单击"动作模式"，进入下一步	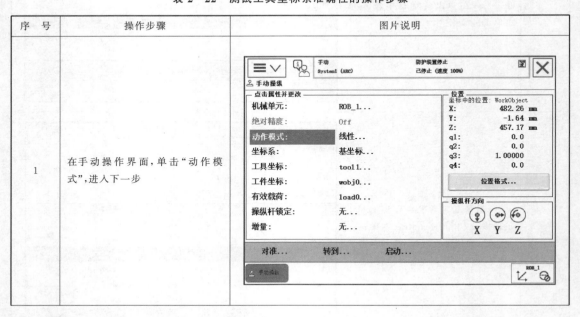

序　号	操作步骤	图片说明
2	在动作模式中选择"重定位",然后单击"确定"返回	
3	单击"坐标系"进入坐标系选择窗口	
4	在坐标系选项中单击"工具",然后单击"确定"返回	

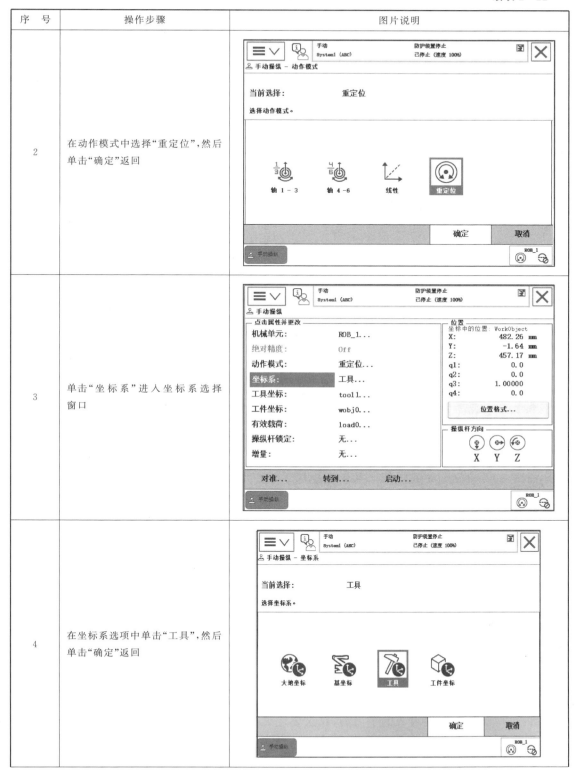

续表 2－22

序　号	操作步骤	图片说明
5	按下使能键,用手拨动机器人手动操作摇杆,检测机器人是否围绕 TCP 点运动,如果机器人围绕 TCP 点运动,则 TCP 标定成功,如果没有围绕 TCP 点运动,则需要重新进行标定	

任务五　工业机器人工件坐标系设置

【任务描述】

新建工件坐标系,用 3 点法按照步骤正确地进行工件坐标系的定义,定义完成后,在工件坐标系下,手动操作机器人,测试工件坐标系的准确性。

【知识学习】

工件坐标数据 wobjdata。

工件坐标对应工件,它定义工件相对于大地坐标的位置。机器人可以有若干工件坐标系,或者表示不同工件,或者表示同一工件在不同位置的若干副本。

对机器人进行编程时就是在工件坐标中创建目标和路径,这带来很多优点:

① 重新定位工作站中的工件时,只需更改工件坐标的位置,所有路径将即刻随之更新;

② 允许操作以外部轴或传送导轨移动的工件,因为整个工件可连同其路径一起移动。

如图 2－27 所示,A 是机器人的大地坐标系,为了方便编程,给第一个工件建立了一个工件坐标 B,并在这个工件坐标 B 中进行轨迹编程。如果台子上还有一个一样的工件需要走一样的轨迹,那只需建立一个工件坐标 C,将工件坐标 B 中的轨迹复制一份,然后将工件坐标从 B 更新为 C,则无须对一样的工件进行重复轨迹编程了。

如图 2－28 所示,如果在工件坐标 B 中对 A 对象进行了轨迹编程,当工件坐标位置变化成工件坐标 D 后,只需在机器人系统重新定义工件坐标 D,则机器人的轨迹就自动更新到 C,不需要再次轨迹编程。因 A 相对于 B,C 相对于 D 的关系是一样的,并没有因为整体偏移而发生变化。

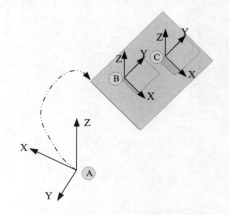

工件坐标
wobjdata 的定义及优点

图 2－27　工件及路径的移动

如图 2－29 所示,在对象的平面上,只需要定义 3 个点,就可以建立一个工件坐标。其中 X1 点确定工件的原点,X1、X2 确定工件坐标 X 正方向,Y1 确定工件坐标 Y 正方向。

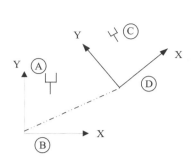

图 2-28 工件坐标系的移动

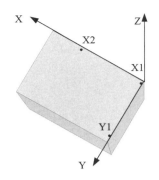

图 2-29 工件坐标系的建立

工件坐标系设定时,通常采用 3 点法。只需在对象表面位置或工件边缘角位置上,定义 3 个点位置,来创建一个工件坐标系。其设定原理如下:

① 手动操纵机器人,在工件表面或边缘角的位置找到一点 X1,作为坐标系的原点;

② 手动操纵机器人,沿着工件表面或边缘找到一点 X2,X1、X2 确定工件坐标系的 X 轴的正方向(X1 和 X2 距离越远,定义的坐标系轴向越精准);

③ 手动操纵机器人,在 XY 平面上并且 Y 值为正的方向找到一点 Y1,确定坐标系的 Y 轴的正方向。

在下面的实训章节中会具体介绍工件坐标系标定的方法步骤。

【任务实施】

1. 新建工件坐标系

工件坐标系标定

表 2-23 新建工件坐标系的操作步骤

序　号	操作步骤	图片说明
1	在手动操作面板中,选择"工件坐标"	手动 System1 (ABC) 防护装置停止 已停止 (速度 100%)　手动操纵　点击属性并更改　机械单元: ROB_1...　绝对精度: Off　动作模式: 重定位...　坐标系: 工具...　工具坐标: tool1...　工件坐标: wobj0...　有效载荷: load0...　操纵杆锁定: 无...　增量: 无...　位置　坐标中的位置: WorkObject　X: 418.88 mm　Y: 1.65 mm　Z: 391.07 mm　q1: 0.25626　q2: -0.00190　q3: 0.96661　q4: 0.0　位置格式...　操纵杆方向　X Y Z　对准... 转到... 启动...　手动操纵　ROB_1

续表 2－23

序　号	操作步骤	图片说明
2	单击"新建…"	
3	对工件数据属性进行设定后,单击"确定"	

2. 定义工件坐标系

定义工件坐标系的操作步骤如表 2－24 所列。

表 2 - 24　定义工件坐标系的操作步骤

序　号	操作步骤	图片说明
1	打开编辑菜单,选择"定义…"	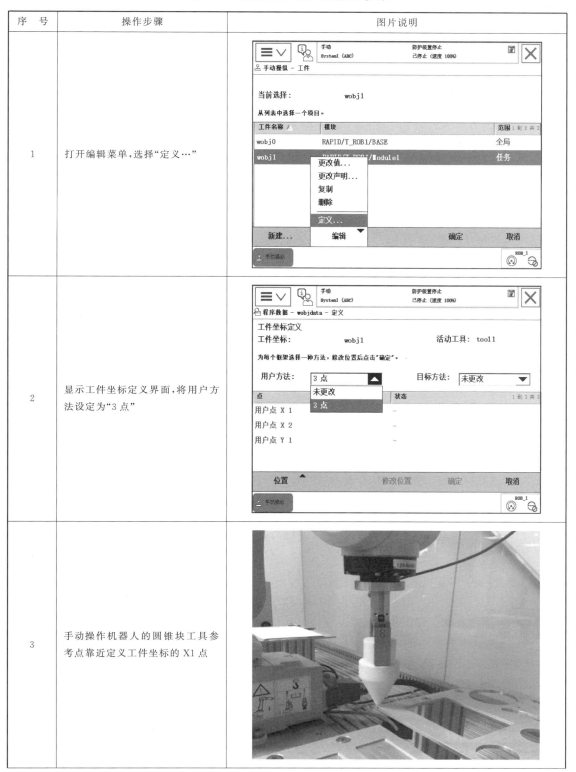
2	显示工件坐标定义界面,将用户方法设定为"3 点"	
3	手动操作机器人的圆锥块工具参考点靠近定义工件坐标的 X1 点	

序　号	操作步骤	图片说明
4	选中界面中"用户点 X1",单击"修改位置",将 X1 点记录下来	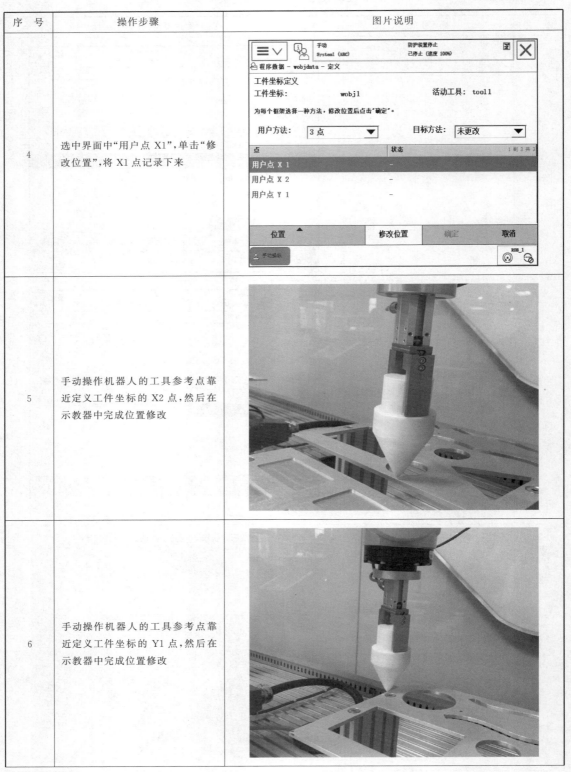
5	手动操作机器人的工具参考点靠近定义工件坐标的 X2 点,然后在示教器中完成位置修改	
6	手动操作机器人的工具参考点靠近定义工件坐标的 Y1 点,然后在示教器中完成位置修改	

序　号	操作步骤	图片说明
7	三点位置修改完成,在窗口中单击"确定"	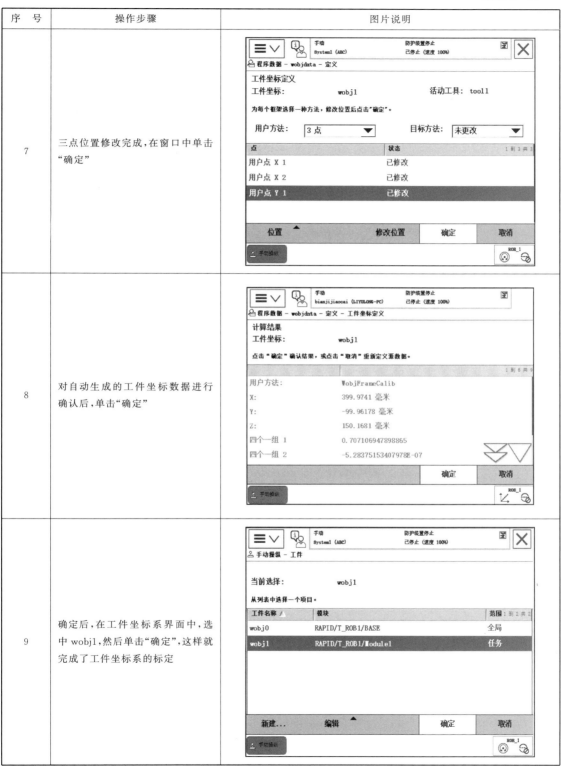
8	对自动生成的工件坐标数据进行确认后,单击"确定"	
9	确定后,在工件坐标系界面中,选中 wobj1,然后单击"确定",这样就完成了工件坐标系的标定	

3. 测试工件坐标系准确性

按照如图 2-30 所示的设置,坐标系选择新创建的工件坐标系,按下使能键,用手拨动机器人手动操作摇杆使用线性动作模式,观察在工件坐标系下移动的方式。

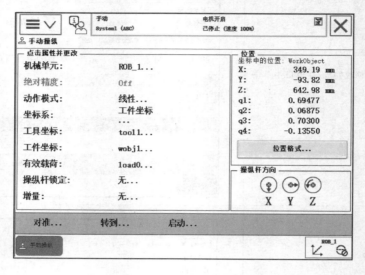

图 2-30 手动操作界面

项目三　工业机器人的程序编程

【知识点】

- 程序的建立及指令的添加方法；
- 运动指令（MoveJ、MoveL、MoveC、MoveAbsj）；
- 条件逻辑判断指令（Compact IF、IF、FOR、WHILE）；
- 赋值指令（:=）；
- 程序调用指令（ProcCall）；
- I/O 控制指令（set、reset、Wait DI、Wait DO、Wait Time）。

【技能点】

- 建立程序模块及例行程序；
- 矩形轨迹、三角形轨迹、曲线轨迹及圆形轨迹的示教编程；
- 循环技术编程；
- 子程序的调用；
- 模拟生产线的 I/O 通信；
- 模拟冲压流水线生产的示教编程。

任务一　程序的建立及运动指令的使用

【任务描述】

在了解 ABB 机器人 RAPID 程序架构的基础上，建立程序模块和例行程序，并能够对例行程序进行编辑。使用运动指令，按步骤正确地完成矩形、三角形、曲线及圆形轨迹的示教编程。

【知识学习】

RAPID 程序和指令。

RAPID 程序中包含了一连串控制机器人的指令，执行这些指令可以实现对机器人的控制操作。

应用程序是用 RAPID 编程语言的特定词汇和语法编写而成的。RAPID 是一种英文编程语言，所包含的指令可以移动机器人、设置输出、读取输入，还能实现决策、重复其他指令、构造程序与系统操作员交流等功能。RAPID 程序的基本架构如表 3-1 所列。

常用 RAPID
程序指令与示例

表 3 - 1　RAPID 程序的基本架构

PAPID 程序			
程序模块 1	程序模块 2	程序模块 3	系统模块
程序数据	程序数据	……	程序数据
主程序 main	例行程序	……	例行程序
例行程序	中断程序	……	中断程序
中断程序	功能	……	功能
功能		……	

RAPID 程序的架构说明：

① RAPID 程序由程序模块与系统模块组成，一般只通过新建程序模块来构建机器人的程序，而系统模块多用于系统方面的控制；

② 可以根据不同的用途创建多个程序模块，如专门用于主控制的程序模块、用于位置计算的程序模块、用于存放数据的程序模块等，这样便于归类管理不同用途的例行程序与数据。

③ 每一个程序模块包含了程序数据、例行程序、中断程序和功能四种对象，但不一定在一个模块中都有这四种对象，程序模块之间的数据、例行程序、中断程序和功能是可以互相调用的；

④ 在 RAPID 程序中，只有一个主程序 main，它存在于任意一个程序模块中，并且作为整个 RAPID 程序执行的起点。

表 3 - 2 所列为在示教器中查看 RAPID 程序的操作。

表 3 - 2　查看 RAPID 程序的操作

序　号	操作步骤	图片说明
1	在操作界面单击"程序编辑器"	

序　号	操作步骤	图片说明
2	直接进入到主程序中,单击"例行程序",查看例行程序列表	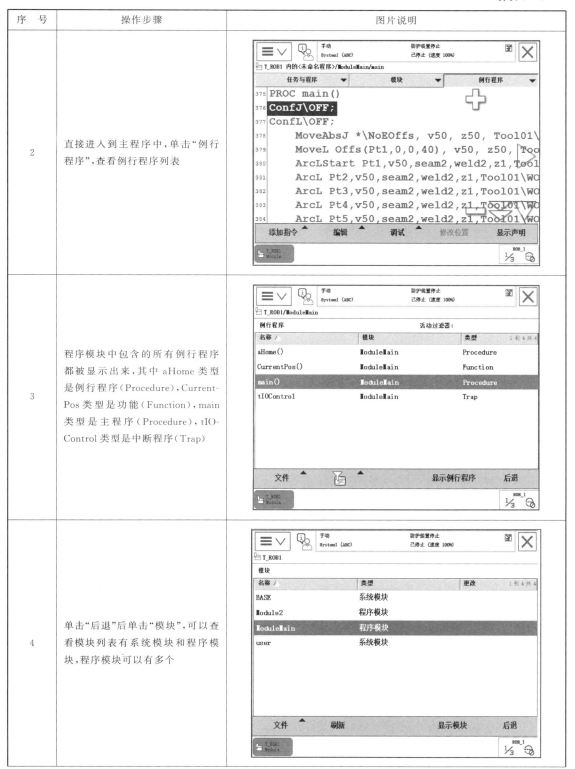
3	程序模块中包含的所有例行程序都被显示出来,其中 aHome 类型是例行程序(Procedure),Current-Pos 类型是功能(Function),main 类型是主程序(Procedure),tIO-Control 类型是中断程序(Trap)	
4	单击"后退"后单击"模块",可以查看模块列表有系统模块和程序模块,程序模块可以有多个	

续表 3 - 2

序　号	操作步骤	图片说明
5	单击关闭按钮，就可以退出程序编辑器	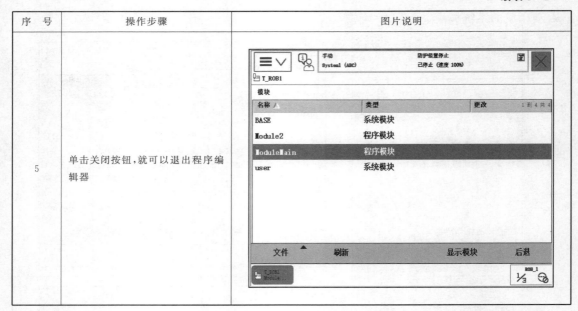

ABB 机器人在空间中运动主要有关节运动（MoveJ）、线性运动（MoveL）、圆弧运动（MoveC）和绝对位置运动（MoveAbsJ）四种方式。

（1）关节运动指令——MoveJ

当运动不必是直线的时候，MoveJ 用来快速将机器人从一个点运动到另一个点。机器人以最快捷的方式运动至目标点，其运动状态不完全可控，但运动路径保持唯一，常用于机器人在空间大范围移动。

（2）线性运动指令——MoveL

机器人以线性方式运动至目标点，当前点与目标点两点决定一条直线，其运动状态可控，运动路径保持唯一，可能出现死点，常用于机器人在工作状态移动。

（3）圆弧运动指令——MoveC

机器人通过中心点以圆弧移动方式动动至目标点，当前点、中间点与目标点三点决定一段圆弧，其运动状态可控，运动路径保持唯一，常用于机器人在工作状态移动。其限制为不可能通过一个 MoveC 指令完成一个圆。

（4）绝对位置运动指令——MoveAbsj

机器人以单轴运行的方式运动至目标点，绝对不存在死点，其运动状态完全不可控，应避免在正常生产中使用此指令，常用于检查机器人零点位置，指令中 TCP 与 Wobj 只与运行速度有关，与运动位置无关。

【任务实施】

1. 程序模块和例行程序的建立

在这里介绍用机器人示教器进行程序模块和例行程序创建及相关操作。所有 ABB 机器人都自带两个系统模块，USER 模块与

机器人程序编写

BASE 模块。根据机器人应用不同,有些机器人会配备相应应用的系统模块。建议不要对任何自动生成的系统模块进行修改。

表 3 - 3 所列为创建程序模块和例行程序的步骤。

表 3 - 3 常见程序模块和例行程序的步骤

序　　号	操作步骤	图片说明
1	在示教器操作界面单击"程序编辑器",打开程序编辑器	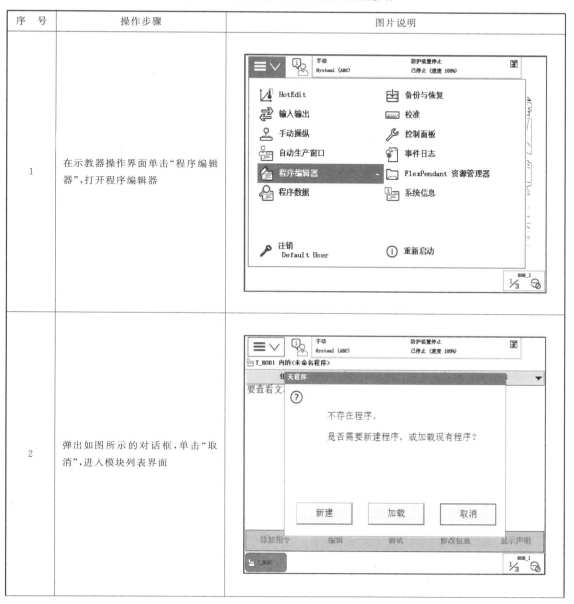
2	弹出如图所示的对话框,单击"取消",进入模块列表界面	

序 号	操作步骤	图片说明
3	单击"文件"菜单,然后单击选择"新建模块",文件中的"加载模块"表示加载需要使用的模块;"另存模块为"表示保存模块到机器人硬盘;"更改声明"可以更改模块的名称和类型;"删除模块"表示将模块从运行内存删除,但不影响已在硬盘保存的模块	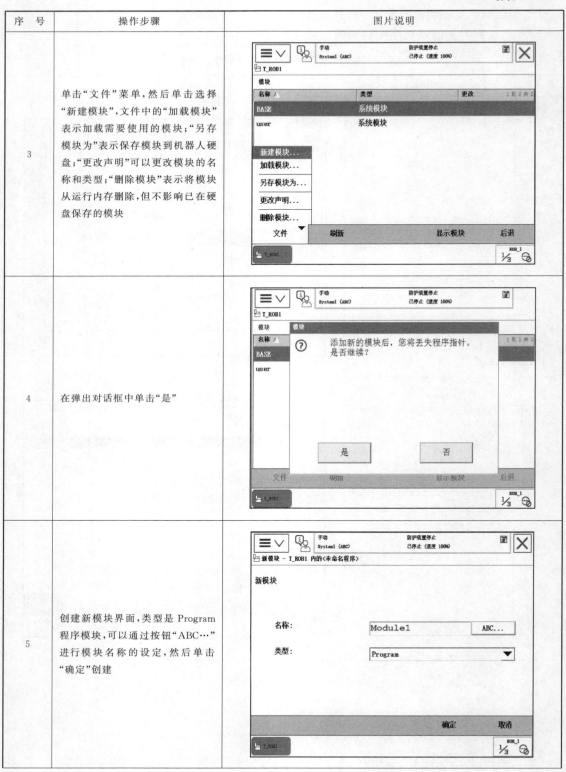
4	在弹出对话框中单击"是"	
5	创建新模块界面,类型是 Program 程序模块,可以通过按钮"ABC…"进行模块名称的设定,然后单击"确定"创建	

续表 3-3

序 号	操作步骤	图片说明
6	在模块列表中,显示出新建的程序模块,选中模块 Module1,然后单击"显示模块"	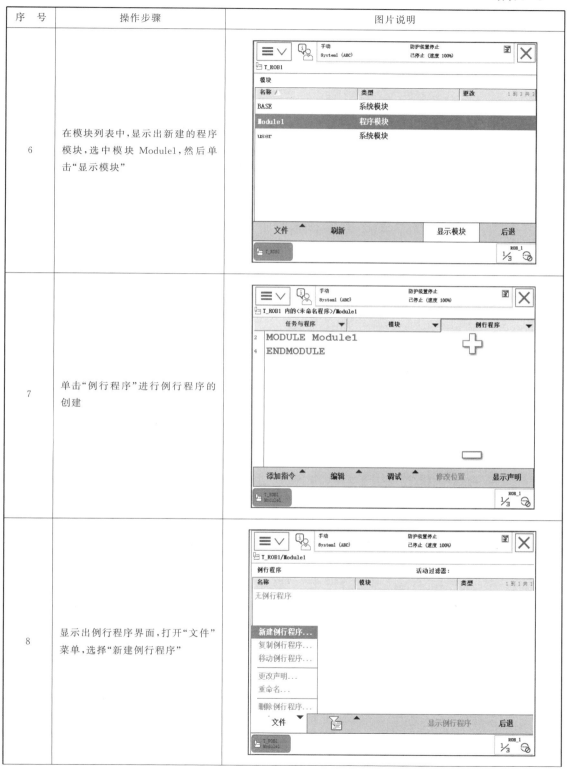
7	单击"例行程序"进行例行程序的创建	
8	显示出例行程序界面,打开"文件"菜单,选择"新建例行程序"	

序　号	操作步骤	图片说明
9	首先创建一个主程序,将其名称设定为 main,然后单击"确定"	
10	打开"文件"菜单,选择"新建例行程序",再新建一个例行程序	
11	可以根据自己需要新建例行程序,用于被主程序 main 调用或例行程序互相调用,名称可以在系统保留字段之外自由定义,单击"确定"完成新建	

序　号	操作步骤	图片说明
12	单击"显示例行程序",就可以进行编程了	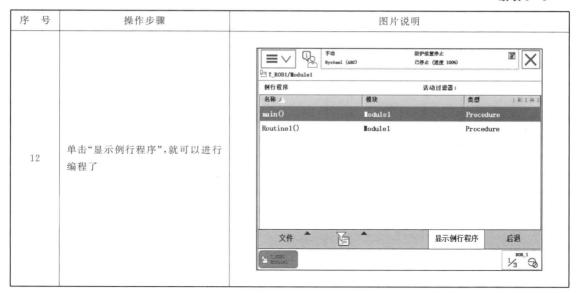

2. 例行程序的编辑

对于建立好的例行程序,可以进行复制、移动、更改声明、重命名和删除等操作,如图 3 - 1 所示,选中例行程序后,单击"文件"会弹出多种操作选项,下面逐一介绍各种编辑操作,如表 3 - 4 所列。

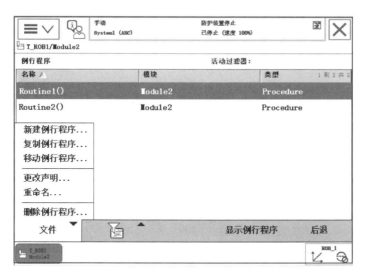

图 3 - 1 "文件"菜单

表 3-4　编辑例行程序的具体操作

序　号	操作步骤	图片说明
1	选中例行程序,选择"复制例行程序",会弹出如图所示界面,可以对复制的例行程序的名称(单击"ABC…")、类型(单击倒三角下拉菜单)、存储的模块(单击倒三角下拉菜单)等进行修改,更改后单击"确定"即可	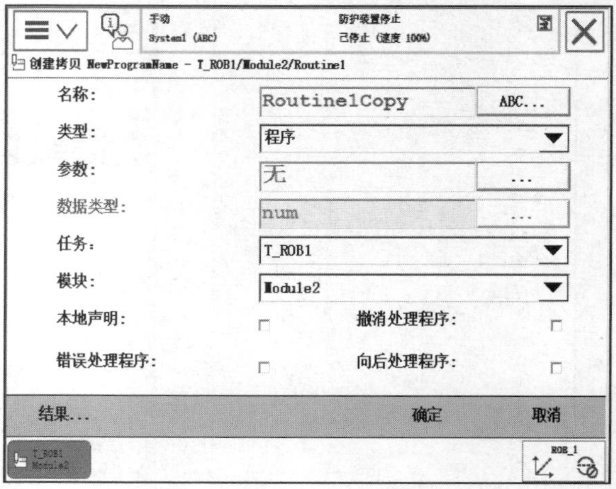
2	"移动例行程序"就是将选中的例行程序移动到其他程序模块中,在"文件"中选择"移动例行程序"后,会弹出如图所示界面,在模块一栏中单击下拉菜单,可以选择移动至的模块	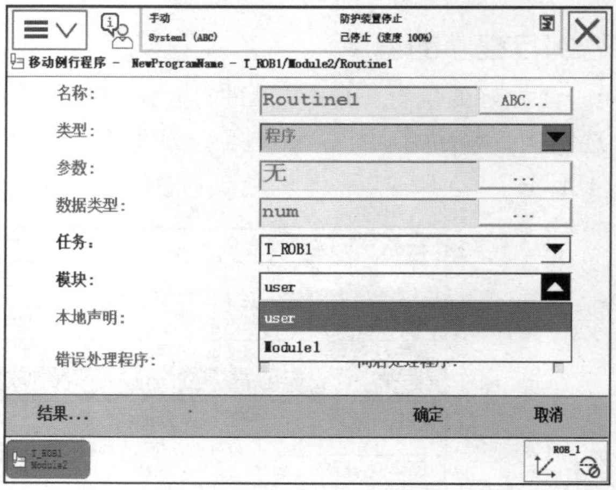
3	"更改声明"就是回到最开始新建例行程序时的程序声明界面、可以对例行程序的类型(包括程序、功能和中断)及对程序所属的模块进行修改	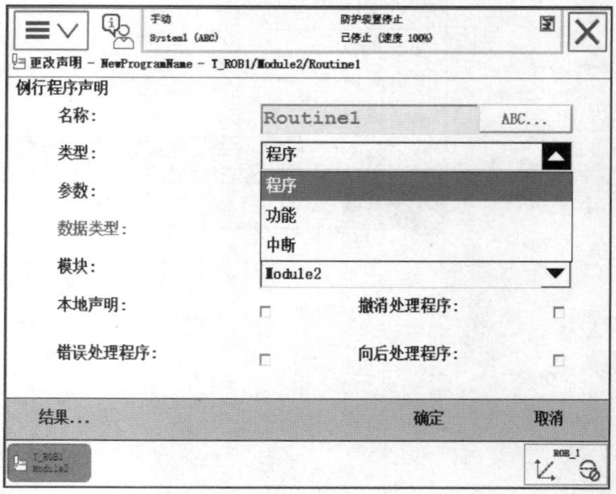

续表 3 - 4

序　号	操作步骤	图片说明
4	选择"重命名"后,会直接弹出键盘,输入新的名称,单击"确定"完成对例行程序的重新命名	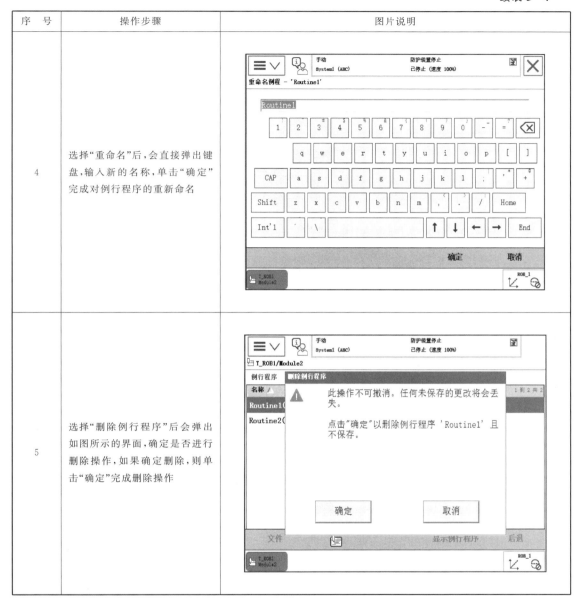
5	选择"删除例行程序"后会弹出如图所示的界面,确定是否进行删除操作,如果确定删除,则单击"确定"完成删除操作	

以上就是对例行程序编辑操作的介绍,在程序的编辑中,可以使用到这些功能,后续的案例中将会有更多的应用。

3. RAPID 程序指令的添加

ABB 机器人的 RAPID 编程提供了丰富的指令来完成各种简单和复杂的应用。下面介绍在示教器上进行指令编辑的基本操作,从常用的指令开始学习 RAPID 编程,领略 RAPID 丰富的指令集提供的编程便利性,程序指令的添加见表 3-5。

表 3 − 5　程序指令的添加

序　号	操作步骤	图片说明
1	在示教器操作界面单击"程序编辑器"	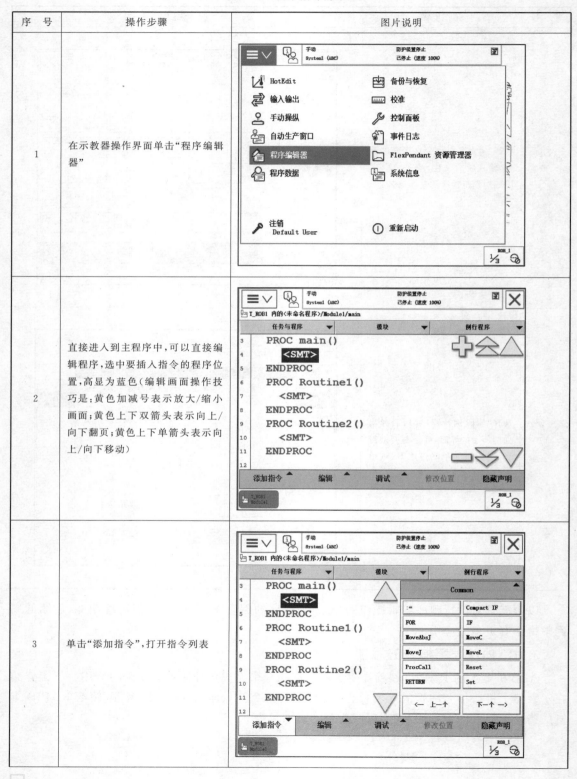
2	直接进入到主程序中,可以直接编辑程序,选中要插入指令的程序位置,高显为蓝色(编辑画面操作技巧是:黄色加减号表示放大/缩小画面;黄色上下双箭头表示向上/向下翻页;黄色上下单箭头表示向上/向下移动)	
3	单击"添加指令",打开指令列表	

序　号	操作步骤	图片说明
4	单击 Common 按钮可以切换到其他分类的指令列表,选择需要的指令进行程序编辑即可	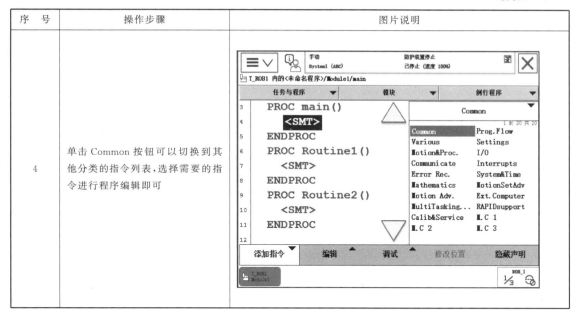

4. 常用运动指令的使用与设定

(1) 绝对位置运动指令

绝对位置运动指令操作步骤如表 3 – 6 所列。

表 3 – 6　绝对位置运动指令的使用

序　号	操作步骤	图片说明
1	在主操作界面选择"手动操作"	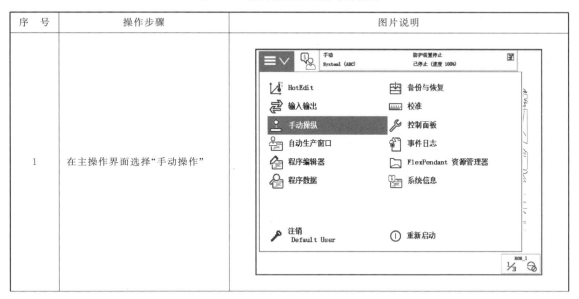

序　号	操作步骤	图片说明
2	确认已选定工具坐标与工件坐标（注意事项：当再添加或修改机器人的运动指令之前，一定要确认所使用的工具坐标和工件坐标）	
3	选中<SMT>为添加指令的位置，打开"添加指令"菜单	
4	在指令列表中选择 MoveAbsJ 指令	

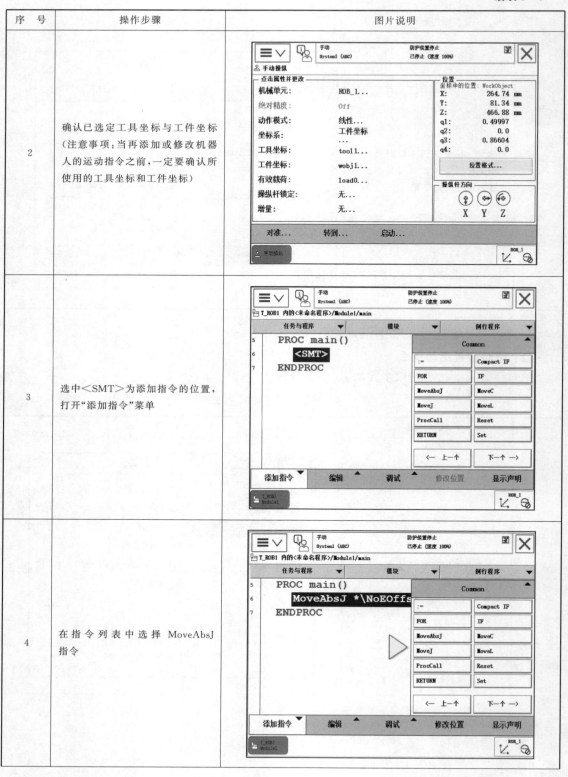

序　号	操作步骤	图片说明
5	单击"添加指令"关闭指令列表,可以看到 MoveAbsJ 指令	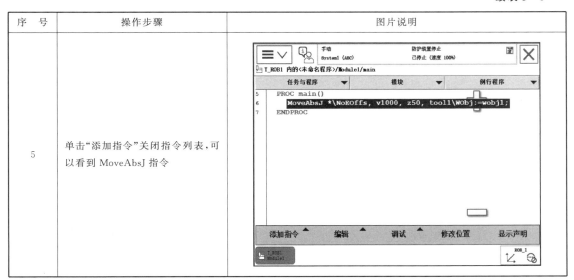

MoveAbsJ 指令解析如表 3 - 7 所列。

表 3 - 7　MoveAbsJ 指令解析

参　数	定　义
*	目标点位置数据
\NoEOffs	外轴不带偏移数据
V1000	运动速度数据,1 000 mm/s
Z50	转弯区数据,转弯区的数值越大,机器人的动作越圆滑与流畅。
Tool1	工具坐标数据
Wobj1	工件坐标数据

① 目标点位置数据:定义机器人 TCP 的运动目标,可以在示教器中单击"修改位置"进行修改。

② 运动速度数据:定义速度(mm/s),在手动限速状态下,所有运动速度被限速在 250mm/s。

③ 转弯区数据:定义转弯区的大小(mm),转弯区数据 fine,是指机器人 TCP 达到目标点,在目标点速度降为零,机器人动作有所停顿后再向下运动,如果是一段路径的最后一个点,一定要为 fine。

④ 工具坐标数据:定义当前指令使用的工具坐标。

⑤ 工件坐标数据:定义当前指令使用的工件坐标。

⑥ 绝对位置运动指令是机器人的运动使用 6 个轴和外轴的角度值来定义目标位置数据;MoveAbsJ 常用于机器人 6 个轴回到机械原点的位置。

(2) 关节运动指令

如图 3 - 2 所示,添加两条 MoveJ 指令。

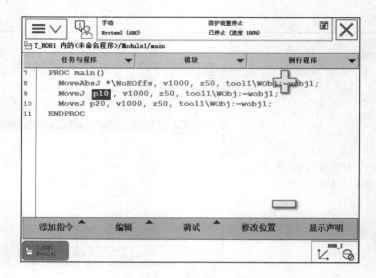

图 3-2　添加 MOVEJ 指令

关节运动指令是在对路径精度要求不高的情况下，机器人的工具中心点 TCP 从一个位置移动到另一个位置，两个位置之间的路径不一定是直线，关节运动示意如图 3-3 所示。

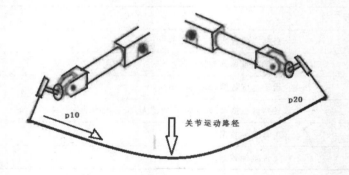

图 3-3　关节运动示意图

MoveJ 指令解析如表 3-8 所列。

表 3-8　MoveJ 指令解析

参　数	含　义
P10、p20	目标点位置数据
V1000	运动速度数据

关节运动指令适合机器人大范围运动时使用，不容易在运动过程中出现关节轴进入机械死点的问题。

（3）线性运动指令

如图 3-4 所示，添加两条 MoveL 指令。

线性运动即机器人的 TCP 从起点到终点之间的路径始终保持为直线。一般如焊接、涂胶

图 3-4 添加 MOVEL 指令

等对路径要求高的应用使用此指令。线性运动示意如图 3-5 所示。

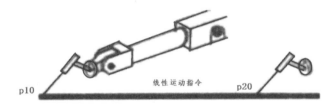

图 3-5 线性运动示意图

(4)圆弧运动指令

如图 3-6 所示为 MoveC 指令。

图 3-6 添加 MOVEC 指令

圆弧路径是在机器人可到达的空间范围内定义三个位置点,第一个点是圆弧的起点,第二个点是圆弧的曲率,第三个点是圆弧的终点。圆弧运动示意如图 3-7 所示。

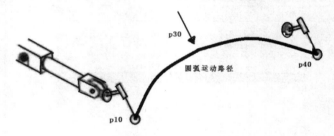

图 3-7　圆弧运动示意图

MoveC 指令解析如表 3-9 所列。

表 3-9　MoveC 指令解析

参　数	含　义
P10	圆弧的第一个点
P30	圆弧的第二个点
P40	圆弧的第三个点

5. 矩形轨迹示教编程

通过示教法编辑简单几何轨迹路线的程序,包括有矩形、三角形、圆形和曲线轨迹编程,从而熟悉并掌握示教编程的步骤及方法。首先进行矩形轨迹的示教编程,具体操作如下。

矩形轨迹示教编程

(1) 新建程序

新建程序的操作步骤如表 3-10 所列。

表 3-10　新建程序的具体操作步骤

序　号	操作步骤	图片说明
1	在机器人示教器上单击左上角主菜单,然后单击"程序编辑器"进入下一步	

序　号	操作步骤	图片说明
2	若机器人尚未创建过程序,则会弹出如图所示窗口,单击"新建"后会直接进入程序编辑器窗口,系统会自动创建模块和主程序	
3	直接点击"新建"后,系统自动生成模块和主程序,如图所示是新建的主程序,对应的模块是 MainModule	
4	这里要自行创建一个例行程序,命名为 juxing,单击"显示例行程序",进入例行程序编辑界面	

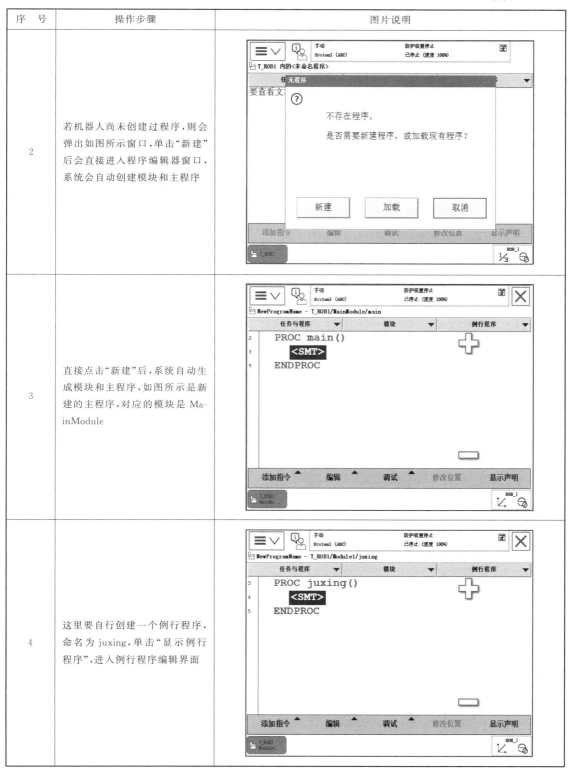

（2）设定机器人初始姿态

新建例行程序后，可以进行程序的编辑，首先要设定机器人的初始姿态，相当于设定了机器人的安全位置，具体操作如表 3-11 所列。

表 3-11　设定机器人初始姿态操作步骤

序　号	操作步骤	图片说明
1	在程序编辑器窗口，单击"添加指令"，然后选择 MoveAbsJ 指令，MoveAbsJ 是机器人绝对位置运动指令，指令行中的"＊"代表目标位置数据，是机器人 6 个轴和外轴的角度值定义的绝对位置，更改"＊"的数据值就可以设置初始位置	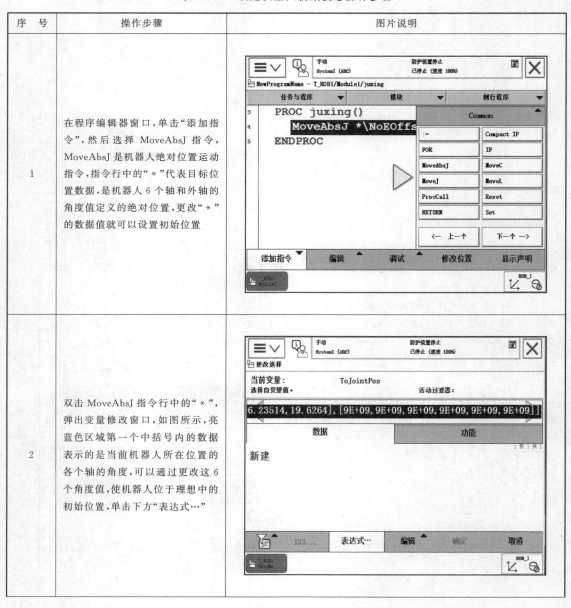
2	双击 MoveAbsJ 指令行中的"＊"，弹出变量修改窗口，如图所示，亮蓝色区域第一个中括号内的数据表示的是当前机器人所在位置的各个轴的角度，可以通过更改这 6 个角度值，使机器人位于理想中的初始位置，单击下方"表达式…"	

序　号	操作步骤	图片说明
3	弹出如图所示的界面，单击"编辑"，然后单击"仅限选定内容"	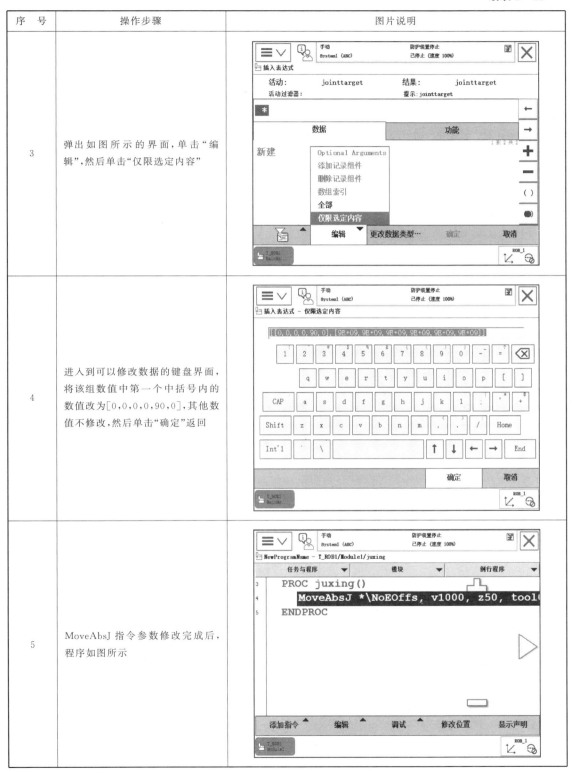
4	进入到可以修改数据的键盘界面，将该组数值中第一个中括号内的数值改为[0,0,0,0,90,0]，其他数值不修改，然后单击"确定"返回	
5	MoveAbsJ 指令参数修改完成后，程序如图所示	

以上是通过设定固定的角度来设定初始位置的方法,也可以根据程序的需要将机器人运行到想要的初始位置上,点中"＊"后,单击"修改位置",系统会记录当前位置的数据,将当前位置设定为初始位置。

（3）矩形轨迹编程

设定好初始位置后,就要开始进行轨迹点的示教编程,矩形轨迹如图 3-8 所示,轨迹示教点为 p10、p20、p30、p40,轨迹运动的规划是:先从初始位置运动到 p10 点上方,然后依次是 p10、p20、p30、p40、p10 点,完成矩形轨迹的运行后,回到 p10 点上方,最后回到初始位置。

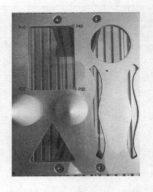

图 3-8 矩形轨迹

矩形轨迹示教编程操作步骤见表 3-12。

表 3-12 矩形轨迹示教编程操作步骤

序 号	操作步骤	图片说明
1	单击示教器操作主界面的"手动操作",将工具坐标系和工件坐标系更改为对应的圆锥工具的工具坐标系 tool1 和轨迹路径模块的工件坐标系 wobj1	
2	回到程序编辑器的界面中,单击"添加指令",后单击 MoveJ 指令,如图所示,在弹出的对话框中单击"下方"	

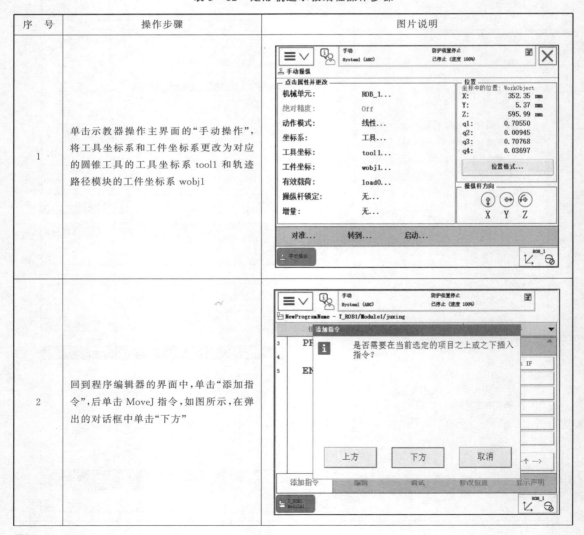

序　号	操作步骤	图片说明
3	在程序中添加 MoveJ 指令后的界面如图所示,MoveJ 是机器人关节运动指令,关节运动的路径精度不高,机器人在关节运动中各轴的姿态都可以变化,轨迹不一定是直线,添加这一指令是使机器人运动到轨迹点 p10 的上方工作区域,然后再运行到 p10 轨迹点	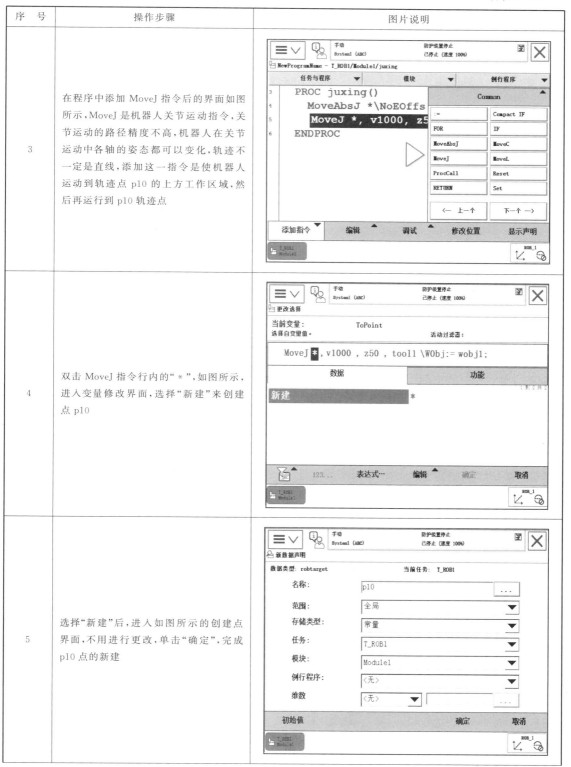
4	双击 MoveJ 指令行内的"＊",如图所示,进入变量修改界面,选择"新建"来创建点 p10	
5	选择"新建"后,进入如图所示的创建点界面,不用进行更改,单击"确定",完成 p10 点的新建	

序　号	操作步骤	图片说明
6	新建后,回到变量修改界面,选择"功能"选项,单击 Offs 进入下一步,在这个指令行中使用坐标偏移功能,只需示教 p10 点位置,机器人就会根据 p10 点位置,自动偏移到给定坐标位置	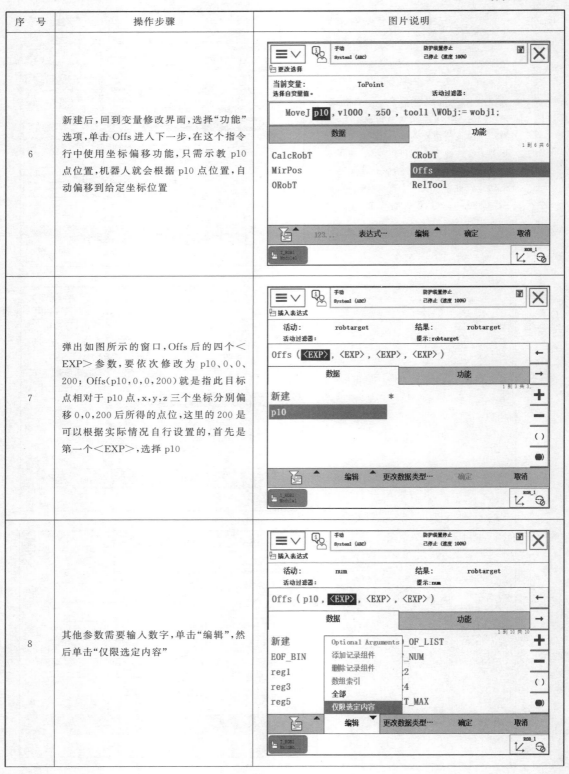
7	弹出如图所示的窗口,Offs 后的四个＜EXP＞参数,要依次修改为 p10、0、0、200;Offs(p10,0,0,200)就是指此目标点相对于 p10 点,x,y,z 三个坐标分别偏移 0,0,200 后所得的点位,这里的 200 是可以根据实际情况自行设置的,首先是第一个＜EXP＞,选择 p10	
8	其他参数需要输入数字,单击"编辑",然后单击"仅限选定内容"	

续表 3 - 12

序 号	操作步骤	图片说明
9	如图所示,弹出键盘输入数字,再单击"确定"即可完成修改	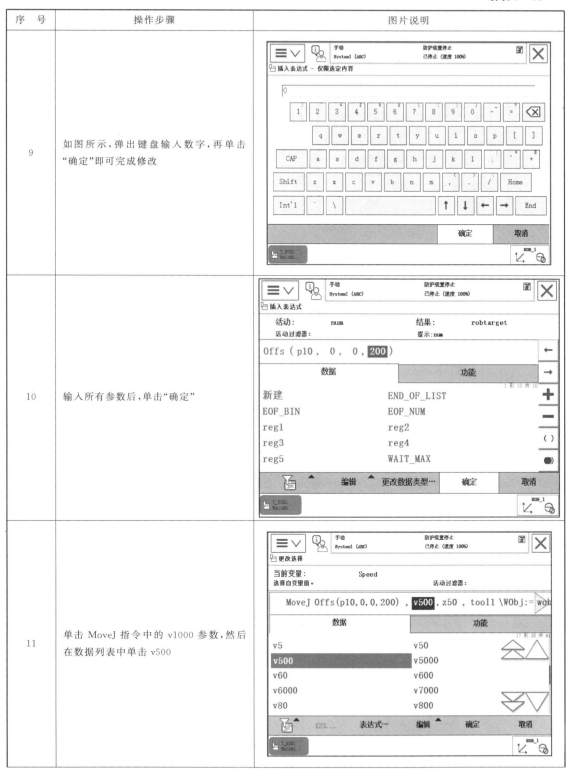
10	输入所有参数后,单击"确定"	
11	单击 MoveJ 指令中的 v1000 参数,然后在数据列表中单击 v500	

序　号	操作步骤	图片说明
12	单击 MoveJ 指令中的 z50,然后在数据列表中单击 fine	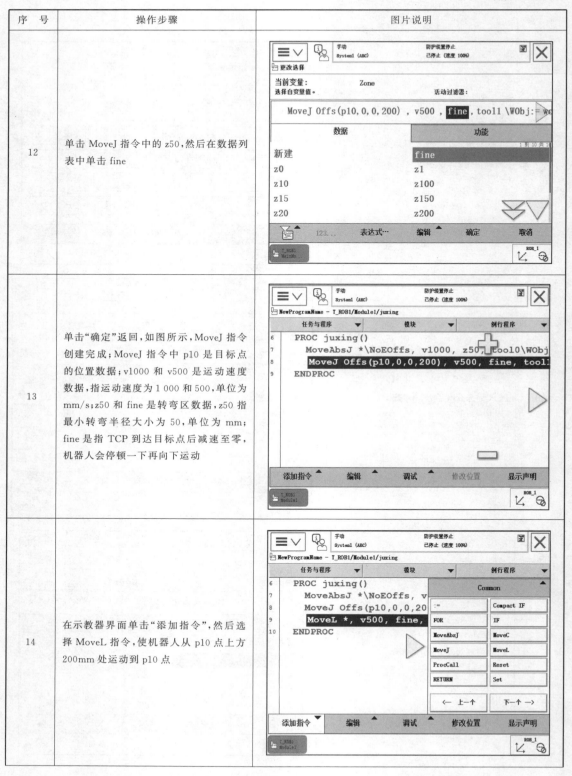
13	单击"确定"返回,如图所示,MoveJ 指令创建完成;MoveJ 指令中 p10 是目标点的位置数据;v1000 和 v500 是运动速度数据,指运动速度为 1 000 和 500,单位为 mm/s;z50 和 fine 是转弯区数据,z50 指最小转弯半径大小为 50,单位为 mm;fine 是指 TCP 到达目标点后减速至零,机器人会停顿一下再向下运动	
14	在示教器界面单击"添加指令",然后选择 MoveL 指令,使机器人从 p10 点上方200mm 处运动到 p10 点	

序　号	操作步骤	图片说明
15	进行示教,使用示教器手动操控机器人,使尖锥的尖端运动到轨迹路线模块内矩形孔的一个顶点 p10	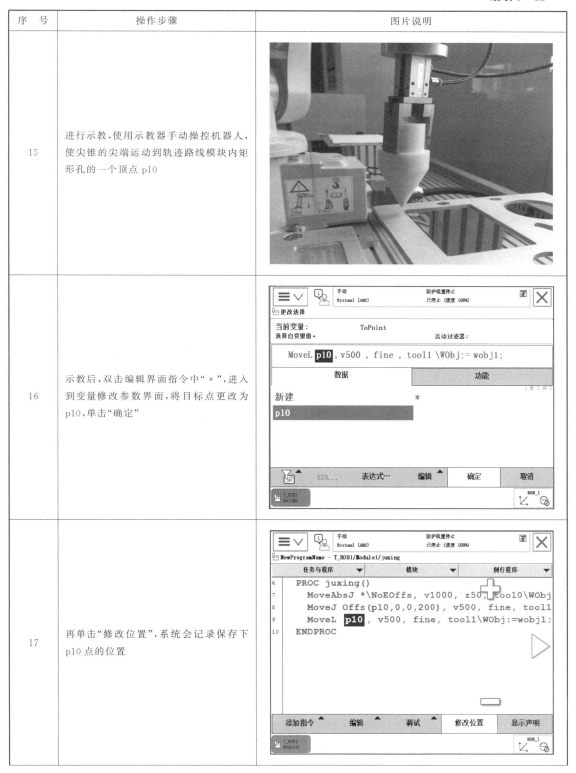
16	示教后,双击编辑界面指令中"＊",进入到变量修改参数界面,将目标点更改为 p10,单击"确定"	
17	再单击"修改位置",系统会记录保存下 p10 点的位置	

序 号	操作步骤	图片说明
18	在弹出的"确定修改位置"界面中,选择"修改",第一条 MoveL 指令添加完成	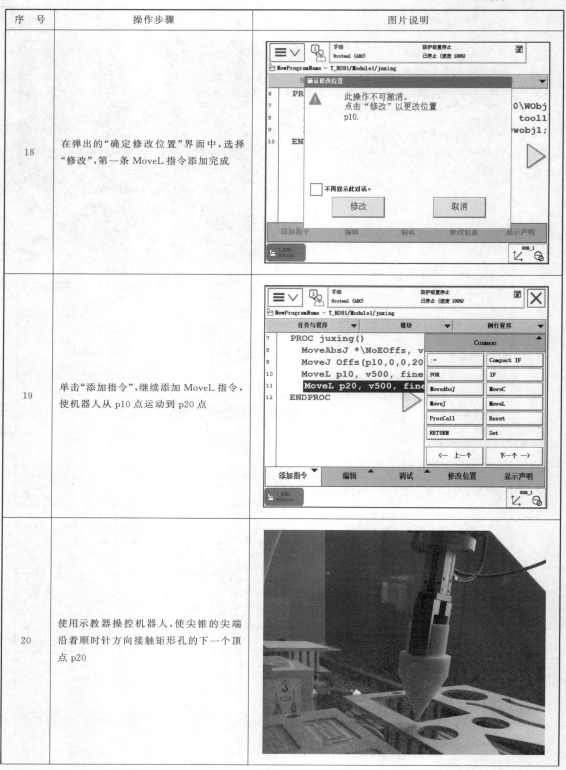
19	单击"添加指令",继续添加 MoveL 指令,使机器人从 p10 点运动到 p20 点	
20	使用示教器操控机器人,使尖锥的尖端沿着顺时针方向接触矩形孔的下一个顶点 p20	

序　号	操作步骤	图片说明
21	在程序编辑界面单击 p20,然后再单击"修改位置"保存当前位置,完成指令添加	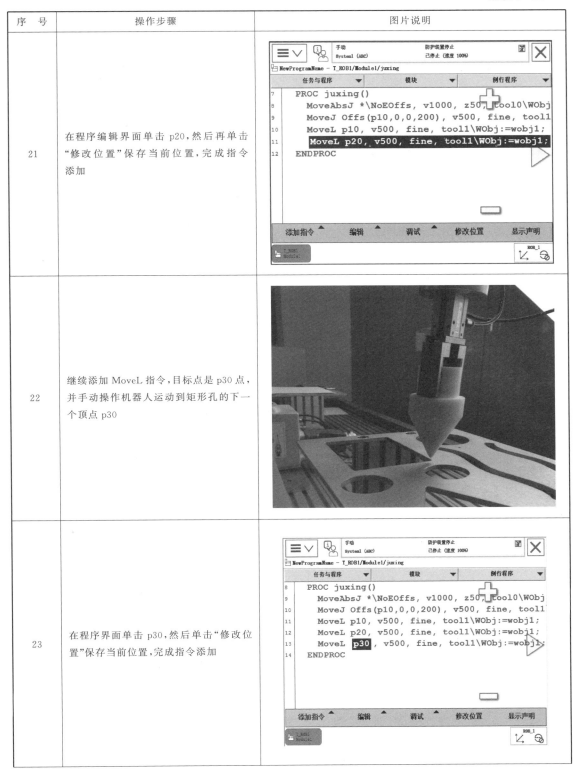
22	继续添加 MoveL 指令,目标点是 p30 点,并手动操作机器人运动到矩形孔的下一个顶点 p30	
23	在程序界面单击 p30,然后单击"修改位置"保存当前位置,完成指令添加	

序　号	操作步骤	图片说明
24	再添加 MoveL 指令，目标点是 p40 点，并手动操作机器人运动到矩形孔的下一个顶点 p40	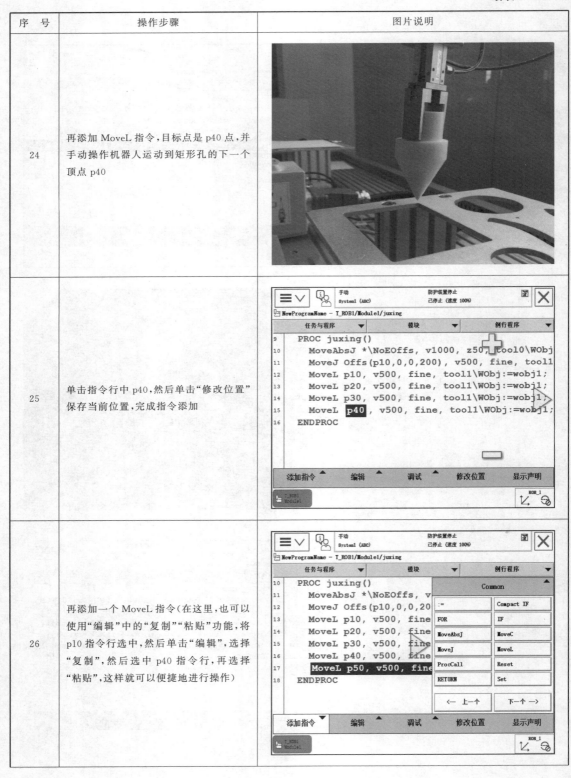
25	单击指令行中 p40，然后单击"修改位置"保存当前位置，完成指令添加	
26	再添加一个 MoveL 指令（在这里，也可以使用"编辑"中的"复制""粘贴"功能，将 p10 指令行选中，然后单击"编辑"，选择"复制"，然后选中 p40 指令行，再选择"粘贴"，这样就可以便捷地进行操作）	

续表 3 - 12

序　号	操作步骤	图片说明
27	双击指令行中的 p50，将 p50 替换为 p10，使矩形的首尾相连，然后单击"确定"返回	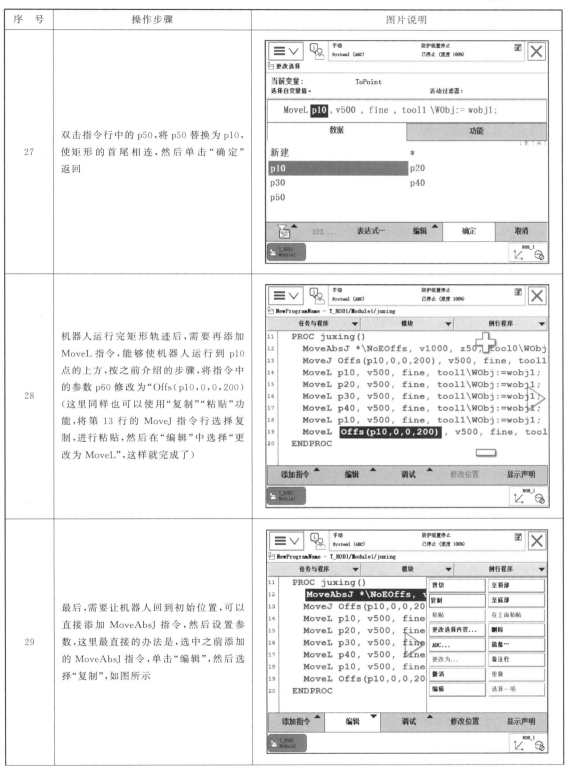
28	机器人运行完矩形轨迹后，需要再添加 MoveL 指令，能够使机器人运行到 p10 点的上方，按之前介绍的步骤，将指令中的参数 p60 修改为"Offs(p10,0,0,200)"（这里同样也可以使用"复制""粘贴"功能，将第 13 行的 MoveJ 指令行选择复制，进行粘贴，然后在"编辑"中选择"更改为 MoveL"，这样就完成了）	
29	最后，需要让机器人回到初始位置，可以直接添加 MoveAbsJ 指令，然后设置参数，这里最直接的办法是，选中之前添加的 MoveAbsJ 指令，单击"编辑"，然后选择"复制"，如图所示	

序　号	操作步骤	图片说明
30	选中最后一条指令,再选择"粘贴",这样 MoveAbsJ 指令就添加完成了	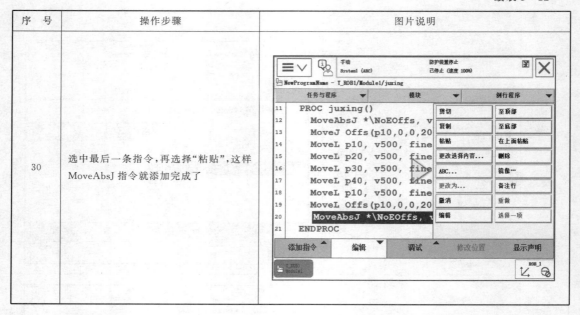

(4) 测试程序

矩形轨迹的示教编程完成后,要进行程序的测试,操作步骤见表 3-13。

表 3-13　测试程序的具体操作步骤

序　号	操作步骤	图片说明
1	单击"调试",然后单击"PP 移至例行程序"	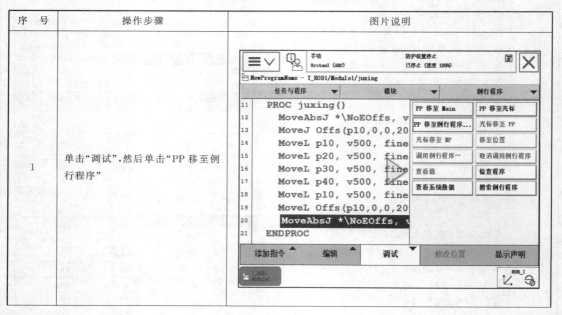

序　号	操作步骤	图片说明
2	在出现的例行程序界面,选择 juxing,然后单击"确定"	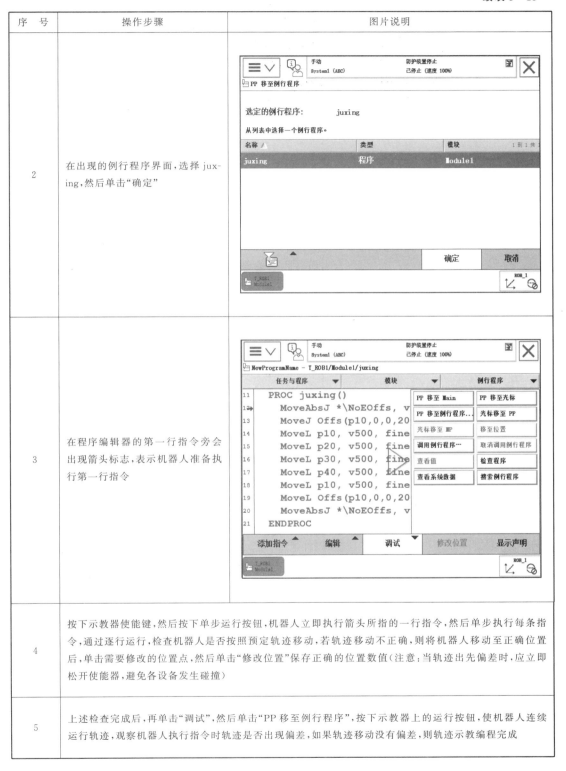
3	在程序编辑器的第一行指令旁会出现箭头标志,表示机器人准备执行第一行指令	
4	按下示教器使能键,然后按下单步运行按钮,机器人立即执行箭头所指的一行指令,然后单步执行每条指令,通过逐行运行,检查机器人是否按照预定轨迹移动,若轨迹移动不正确,则将机器人移动至正确位置后,单击需要修改的位置点,然后单击"修改位置"保存正确的位置数值(注意:当轨迹出先偏差时,应立即松开使能器,避免各设备发生碰撞)	
5	上述检查完成后,再单击"调试",然后单击"PP 移至例行程序",按下示教器上的运行按钮,使机器人连续运行轨迹,观察机器人执行指令时轨迹是否出现偏差,如果轨迹移动没有偏差,则轨迹示教编程完成	

6. 三角形轨迹示教编程

三角形轨迹示教编程与矩形轨迹示教编程的步骤是相同的,接下来就进行三角形轨迹的示教编程,如表 3 - 14 所列。

三角形轨迹示教编程

表 3 - 14　三角形轨迹示教编程步骤

序　号	操作步骤	图片说明
1	新建一个例行程序,命名为 san-jiaoxing	
2	单击"显示例行程序",进入程序编辑界面	

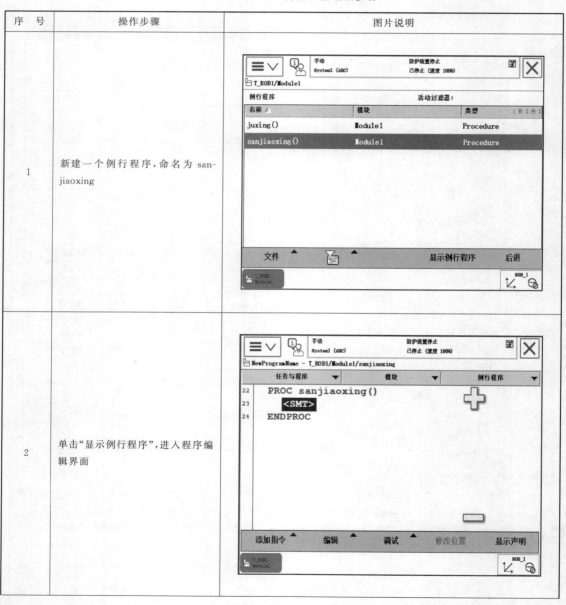

序 号	操作步骤	图片说明
3	在程序编辑器窗口,单击"添加指令",然后选择 MoveAbsJ 指令,与编辑矩形轨迹的初始姿态相同,将数值中第一个中括号内的数值改为[0,0,0,0,90,0],其他数值不修改,指令添加完成	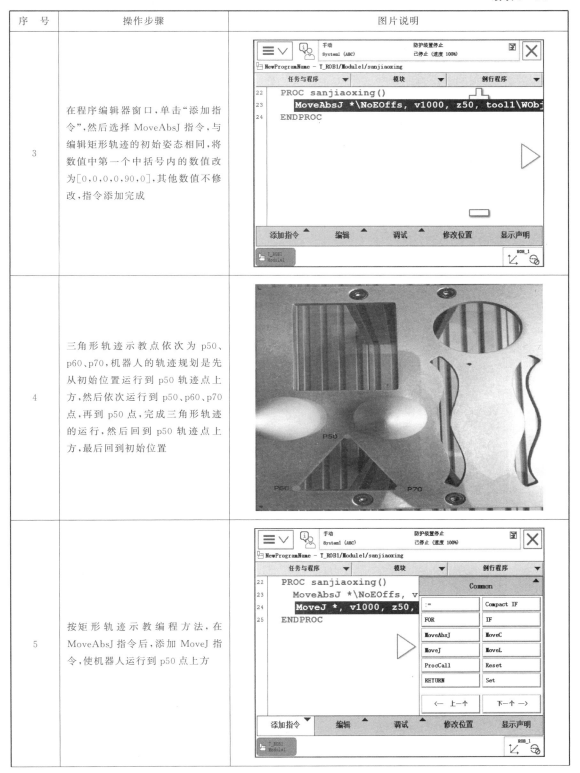
4	三角形轨迹示教点依次为 p50、p60、p70,机器人的轨迹规划是先从初始位置运行到 p50 轨迹点上方,然后依次运行到 p50、p60、p70 点,再到 p50 点,完成三角形轨迹的运行,然后回到 p50 轨迹点上方,最后回到初始位置	
5	按矩形轨迹示教编程方法,在 MoveAbsJ 指令后,添加 MoveJ 指令,使机器人运行到 p50 点上方	

序　号	操作步骤	图片说明
6	使用矩形轨迹示教编程中的坐标偏移 Offs 功能,将指令中的"＊"更改为 Offs(p50,0,0,200),使机器人运行到 p50 点上方 200mm 处,同时更改指令中的其他参数,指令添加完成	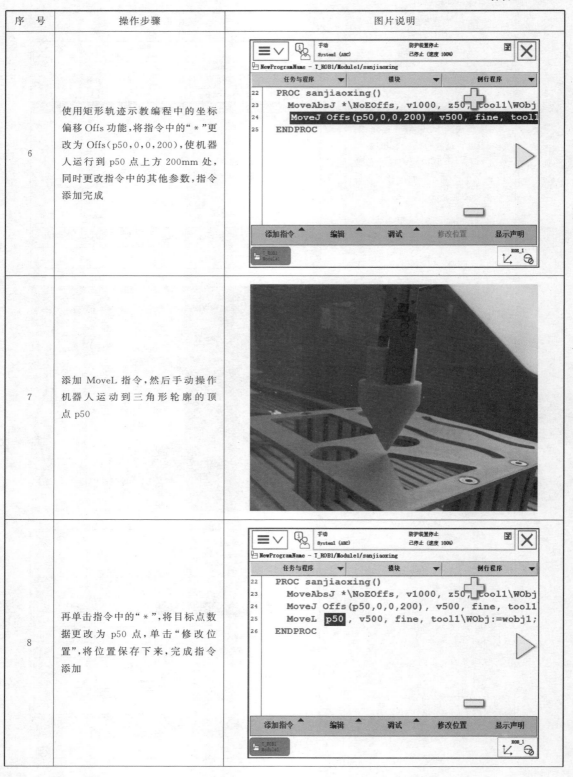
7	添加 MoveL 指令,然后手动操作机器人运动到三角形轮廓的顶点 p50	
8	再单击指令中的"＊",将目标点数据更改为 p50 点,单击"修改位置",将位置保存下来,完成指令添加	

序 号	操作步骤	图片说明
9	同理,依次添加运行到 p60、p70 点的 MoveL 指令,将机器人运动到如图所示的 p60、p70 点位置,注意目标点数据的更改,并且单击"修改位置",保存机器人当前位置	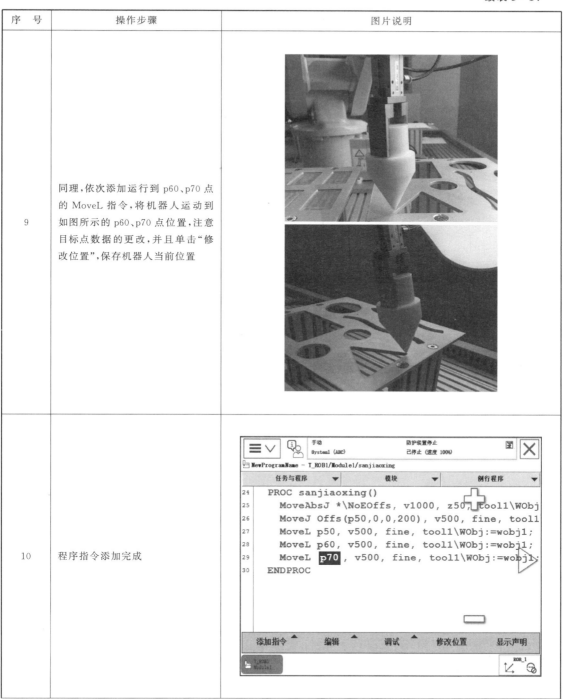
10	程序指令添加完成	

序　号	操作步骤	图片说明
11	接着将 p50 指令行复制到下面，这样就能够使机器人运行一个完整的三角形轨迹	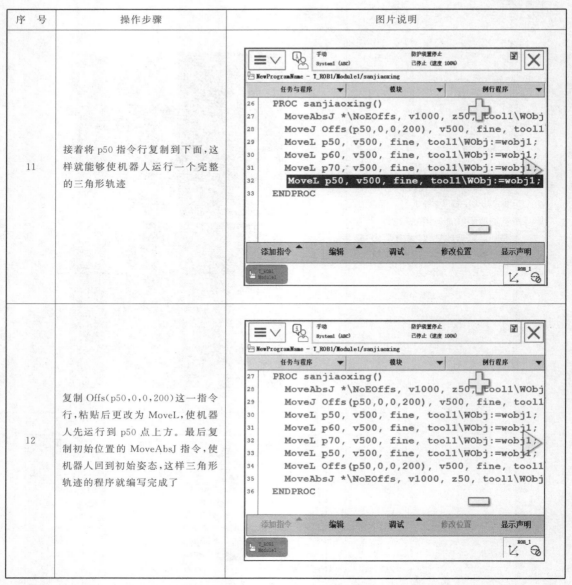
12	复制 Offs(p50,0,0,200) 这一指令行，粘贴后更改为 MoveL，使机器人先运行到 p50 点上方。最后复制初始位置的 MoveAbsJ 指令，使机器人回到初始姿态，这样三角形轨迹的程序就编写完成了	

编辑完三角形轨迹的程序后，要进行程序的测试，方法与矩形轨迹程序的测试相同，这里不过多叙述，测试后如果轨迹移动没有偏差，则轨迹示教编程完成。

7. 曲线轨迹示教编程

如图 3 - 9 所示，曲线轨迹示教点依次为 p80、p90、p100、p110、p120、p130、p140，由三个圆弧组成。机器人会从初始位置运行到 p80 点的上方，然后运行曲线轨迹，再运行到 p140 点上方，最后回到初始位置，结束曲线轨迹的运行。

曲线轨迹示教编程

表 3 - 15 所列为曲线轨迹示教编程具体的操作步骤。

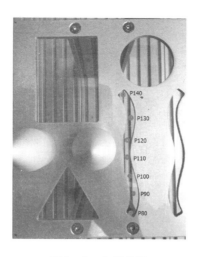

图 3 - 9 曲线轨迹

表 3 - 15 曲线轨迹示教编程具体操作步骤

序 号	操作步骤	图片说明
1	新建例行程序,命名为 quxian	

序　号	操作步骤	图片说明
2	单击"显示例行程序",然后添加 Move-AbsJ 指令,将姿态参数更改为与矩形和三角形的初始姿态相同的参数,如图所示,指令添加完成	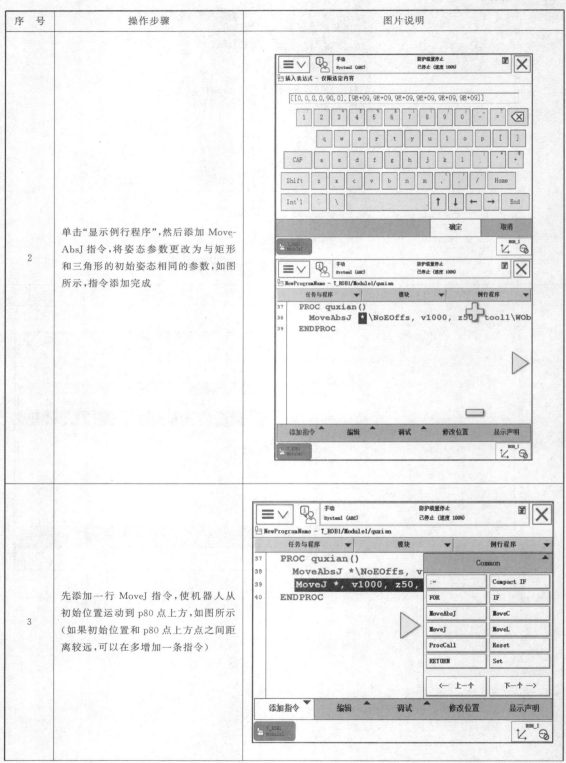
3	先添加一行 MoveJ 指令,使机器人从初始位置运动到 p80 点上方,如图所示(如果初始位置和 p80 点上方点之间距离较远,可以再多增加一条指令)	

序　号	操作步骤	图片说明
4	将 MoveJ 指令中的"＊"改为 Offs（p80,0,0,100），这里的 100 可以根据实际情况自行设定，其他参数也要同时进行更改，指令添加完成	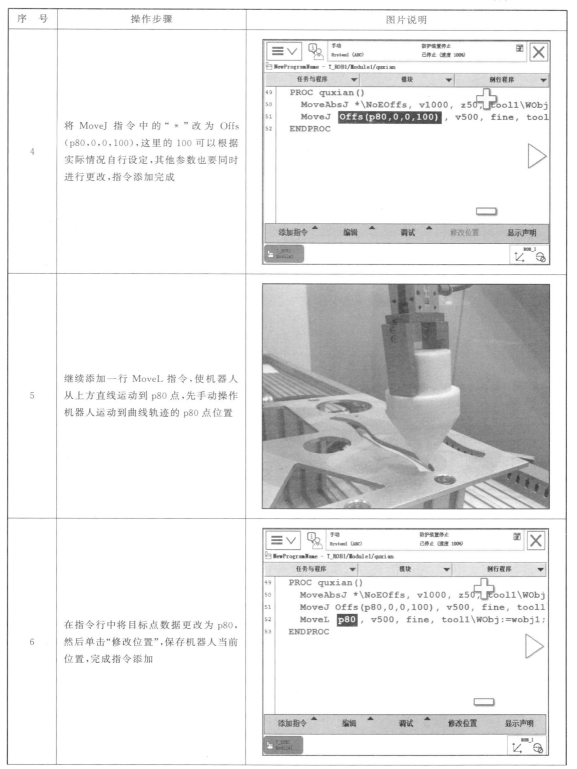
5	继续添加一行 MoveL 指令，使机器人从上方直线运动到 p80 点，先手动操作机器人运动到曲线轨迹的 p80 点位置	
6	在指令行中将目标点数据更改为 p80，然后单击"修改位置"，保存机器人当前位置，完成指令添加	

序　号	操作步骤	图片说明
7	接下来要在程序下方添加 MoveC 指令，MoveC 指令是机器人圆弧运动指令，需要定义三个位置点，其中第一点为起点（即上一条指令的目标点），第二点定义圆弧的曲率，第三点为圆弧的终点，所以在本次编辑的这条曲线轨迹中，要添加三个 MoveC 指令，单击"添加指令"，选择 MoveC 指令	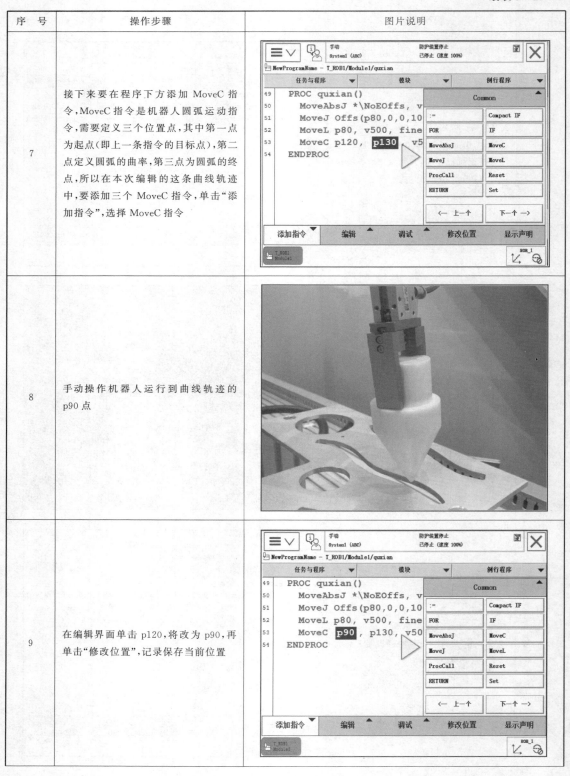
8	手动操作机器人运行到曲线轨迹的 p90 点	
9	在编辑界面单击 p120，将改为 p90，再单击"修改位置"，记录保存当前位置	

序　号	操作步骤	图片说明
10	同理，手动操作将机器人运动到 p100 点，再将指令中 p130，将改为 p100，单击"修改位置"，记录保存当前位置	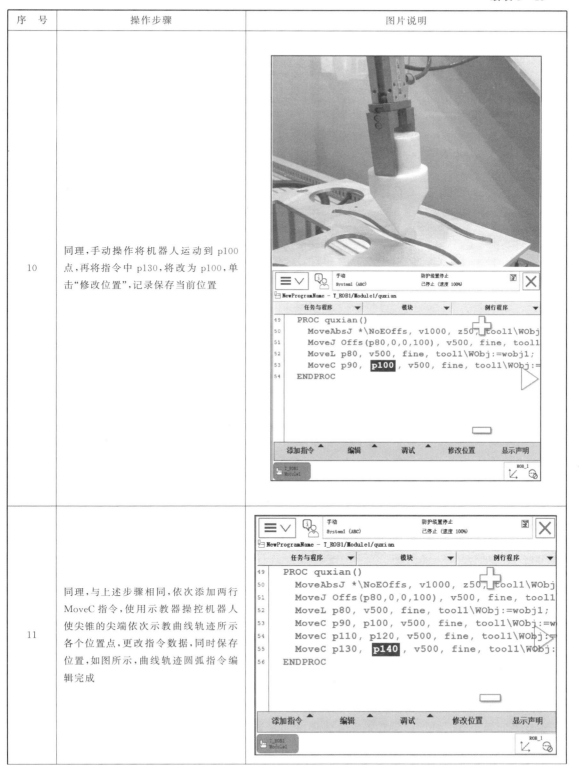
11	同理，与上述步骤相同，依次添加两行 MoveC 指令，使用示教器操控机器人使尖锥的尖端依次示教曲线轨迹所示各个位置点，更改指令数据，同时保存位置，如图所示，曲线轨迹圆弧指令编辑完成	

序　号	操作步骤	图片说明
12	在 MoveC 指令下方添加 MoveL 指令，将指令的目标点数据更改为 Offs (p140,0,0,200)，使机器人运动到曲线轨迹 p140 点的上方	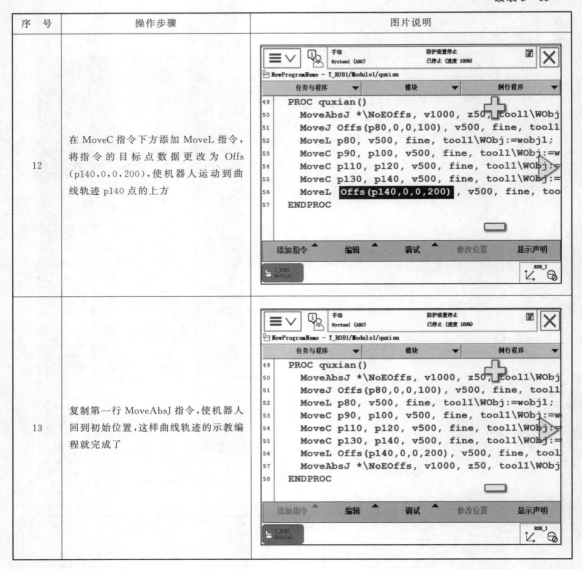
13	复制第一行 MoveAbsJ 指令，使机器人回到初始位置，这样曲线轨迹的示教编程就完成了	

编辑完曲线轨迹的程序后，进行程序的测试，方法与矩形轨迹程序的测试相同，这里不过多叙述，测试后如果轨迹移动没有偏差，则轨迹示教编程完成。

8. 圆形轨迹示教编程

多功能工作站中的轨迹路径模块中还提供了圆形轨迹，圆形轨迹属于曲线轨迹的一种特殊形式，第一个轨迹点与最后一个轨迹点重合，如图 3 - 10 所示，圆形轨迹示教点依次为 p150、p160、p170、p180，在程序编辑时，先将机器人从初始位置运行到 p150 点的上方，再运行到 p150 点，然

圆形轨迹示教编程

后需要添加两个 MoveC 指令来完成圆形轨迹的运行，第一个 MoveC 指令的第一个点是第二个 MoveC 指令的第三点。圆形轨迹的程序编辑过程与上面介绍的曲线等轨迹编辑方式相同，这里不再赘述。图 3 - 11 所示为完整的圆形轨迹的程序。

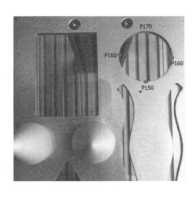

图 3-10　圆形轨迹

图 3-11　圆形轨迹完整程序

编辑完圆形轨迹的程序后,进行程序的测试,单击"调试",然后单击"PP移至例行程序"。程序编辑器的第一行指令会出现箭头标志,机器人准备执行第一行指令。具体测试方法与矩形轨迹程序的测试相同,这里不过多叙述,测试后如果轨迹移动没有偏差,则轨迹示教编程完成。

任务二　赋值、循环及逻辑判断指令的运用

【任务描述】

了解常用的条件逻辑判断指令及赋值指令,通过一个实例来详细讲解循环指令的应用,实例内容为:reg1=1,当reg1<4,条件满足时,运行矩形轨迹程序,要求循环运行三次,当条件不满足时,跳出循环,运行三角形程序。

【知识学习】

1. 条件逻辑判断指令

条件逻辑判断指令用于对条件进行判断后,执行相应的操作,是RAPID中重要的组成部分。

(1) Compact IF 紧凑型条件判断指令

Compact IF紧凑型条件判断指令用于当一个条件满足以后,就执行一句指令。如图3-12所示,如果flag1的状态为TRUE,则do1被置位为1。

(2) IF 条件判断指令

IF条件判断指令,就是根据不同的条件去执行不同的指令。如图3-13所示,如果num1为1,则flag1会赋值为TRUE;如果num1为2,则flag1会赋值为FALSE。除了以上两种条件之外,则执行do1位置为1。

条件判定的条件数量可以根据实际情况进行增加与减少。

条件
逻辑判断指令

图 3 - 12　Compact IF 紧凑型条件判断指令

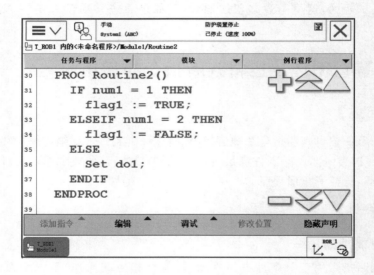

图 3 - 13　IF 条件判断指令

（3）FOR 重复执行判断指令

FOR 重复执行判断指令，适用于一个或多个指令需要重复执行数次的情况。如图 3 - 14 所示，例行程序 Routine1 重复执行 10 次。

（4）WHILE 条件判断指令

WHILE 条件判断指令，用于在给定条件满足的情况下，一直重复执行对应的指令。如图 3 - 15所示，当 num1＞num2 的条件满足的情况下，就一直执行 num1：＝num1－1 的操作。

2. 赋值指令

"：＝"赋值指令用于对程序数据进行赋值。赋值可以是一个常量或数学表达式，下面就添加一个常量赋值与数学表达式赋值说明此指令的使用。

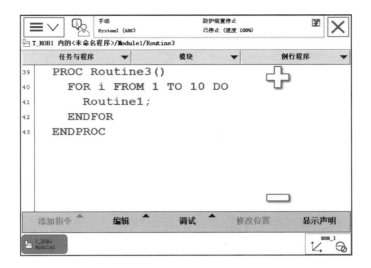

图 3 - 14 FOR 重复执行判断指令

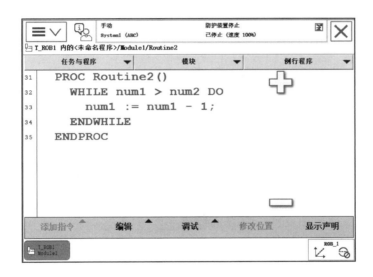

图 3 - 15 WHILE 条件判断指令

① 常量赋值:reg1:＝5;

② 数学表达式赋值:reg2:＝reg1＋4;

(1) 添加常量赋值指令操作

添加常量赋值指令的操作见表 3 - 16。

表 3 - 16　添加常量赋值指令操作

序　号	操作步骤	图片说明
1	在指令列表中选择"：＝"	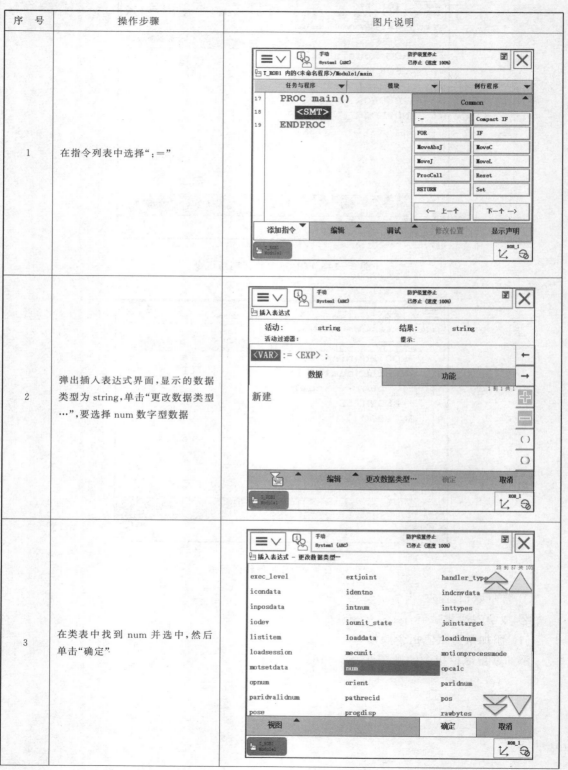
2	弹出插入表达式界面，显示的数据类型为 string，单击"更改数据类型…"，要选择 num 数字型数据	
3	在类表中找到 num 并选中，然后单击"确定"	

序 号	操作步骤	图片说明
4	数据类型变为 num 数字型,选中 reg1	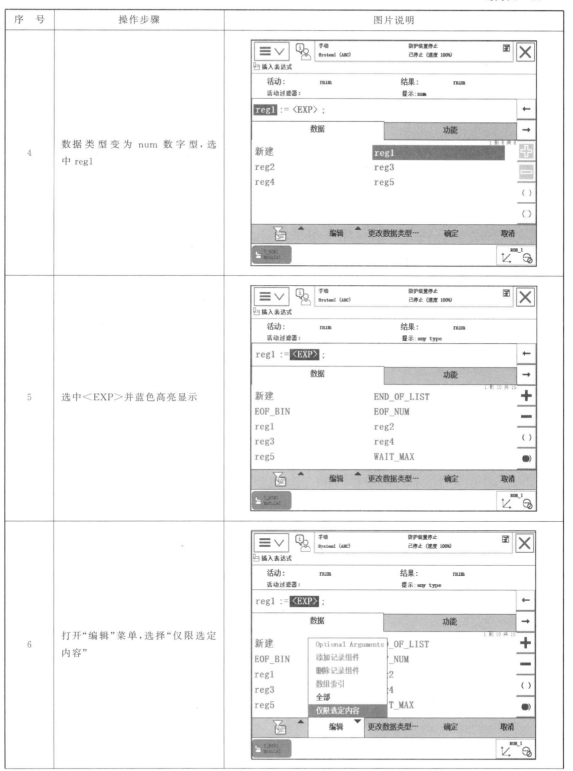
5	选中<EXP>并蓝色高亮显示	
6	打开"编辑"菜单,选择"仅限选定内容"	

序　号	操作步骤	图片说明
7	通过软键盘输入数字 5,然后单击"确定"	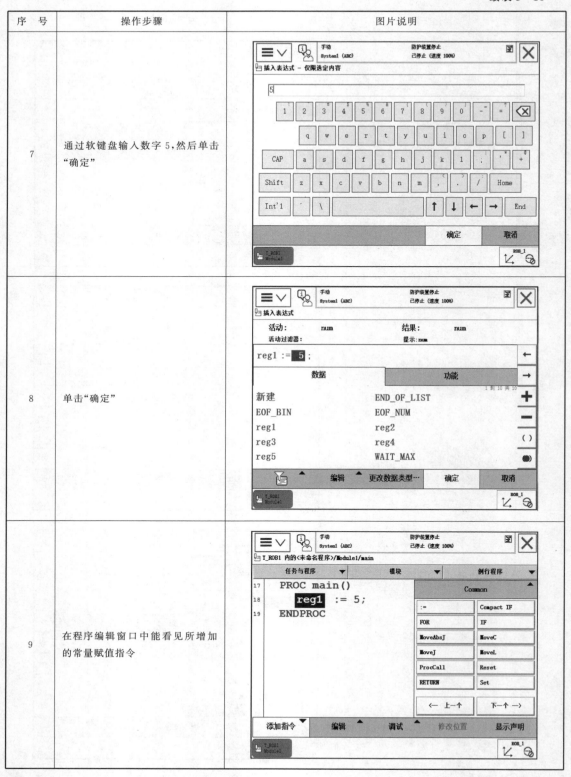
8	单击"确定"	
9	在程序编辑窗口中能看见所增加的常量赋值指令	

（2）添加带数学表达式的赋值指令操作

添加常数学表达式的赋值指令的操作见表 3－17。

表 3－17　添加带数学表达式的赋值指令操作

序　号	操作步骤	图片说明
1	在指令列表中选择"：＝"	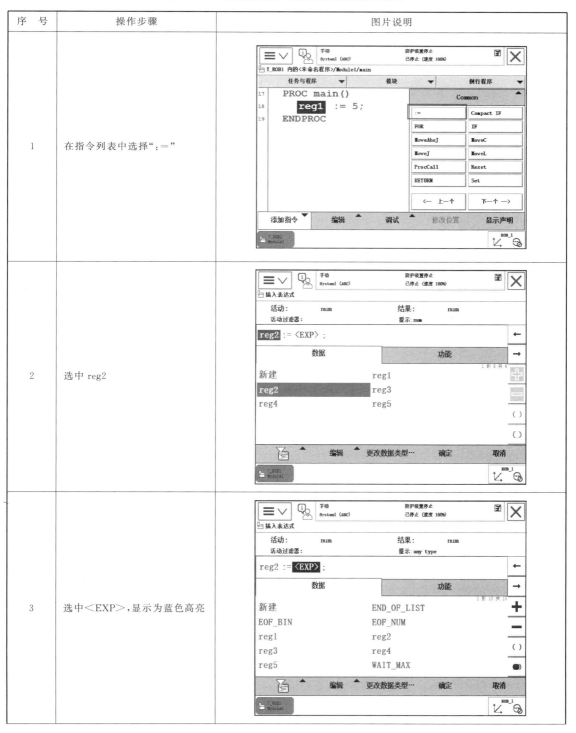
2	选中 reg2	
3	选中＜EXP＞,显示为蓝色高亮	

序　号	操作步骤	图片说明
4	选中 reg1	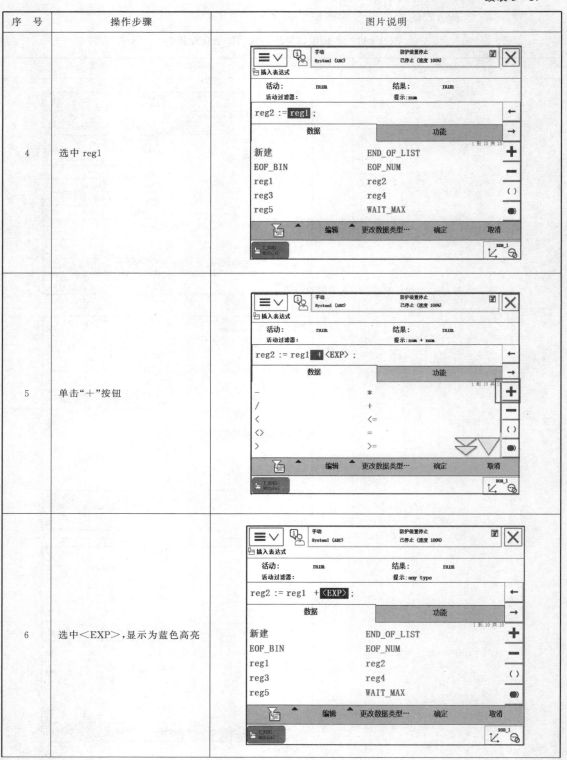
5	单击"＋"按钮	
6	选中＜EXP＞,显示为蓝色高亮	

序　号	操作步骤	图片说明
7	打开"编辑"菜单,选择"仅限选定内容"	
8	通过软键盘输入数字 4,然后单击"确定"	
9	单击"确定"	

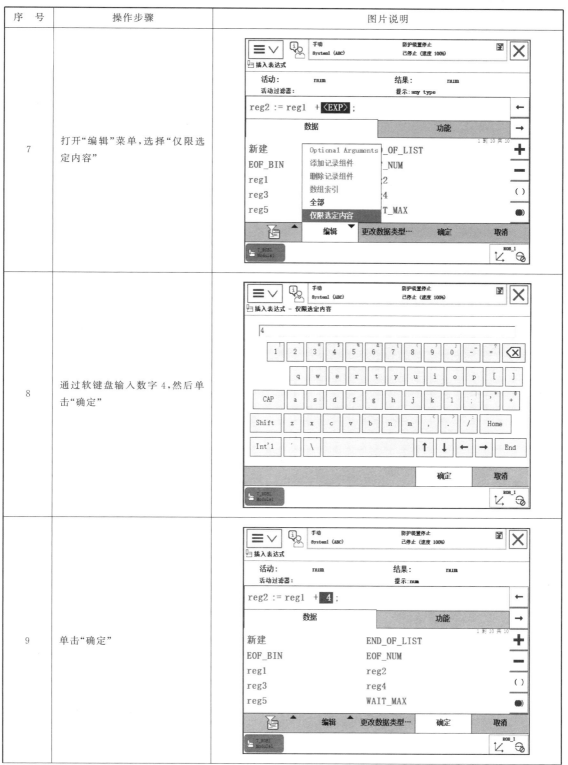

序　号	操作步骤	图片说明
10	弹出指令添加位置的选择对话框,单击"下方"	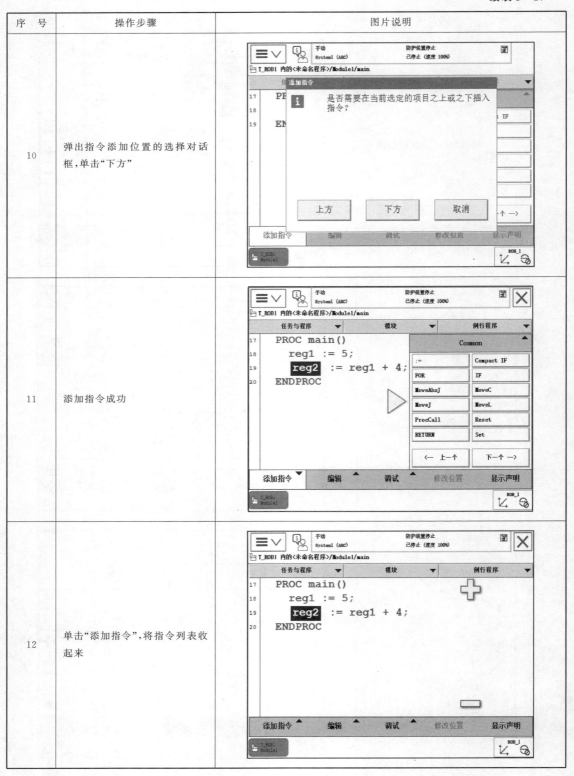
11	添加指令成功	
12	单击"添加指令",将指令列表收起来	

【任务实施】

循环技术编程。

程序循环指令——WHILE,是指当前指令通过判断相应条件,如果符合判断条件就执行循环内指令,直到判断条件不满足才跳出循环,继续执行循环以后指令,需要注意,当前循环指令存在死循环。具体语句如下:

循环技术编程

```
WHILE   Condition(判断条件)   DO
................(执行指令)
ENDWHILE
```

具体操作见表 3 - 18。

表 3 - 18 循环技术编程步骤

序　号	操作步骤	图片说明
1	在主程序 main 中进行编辑	
2	单击"添加指令",然后在指令列表中选择"：＝",会弹出如图所示界面	

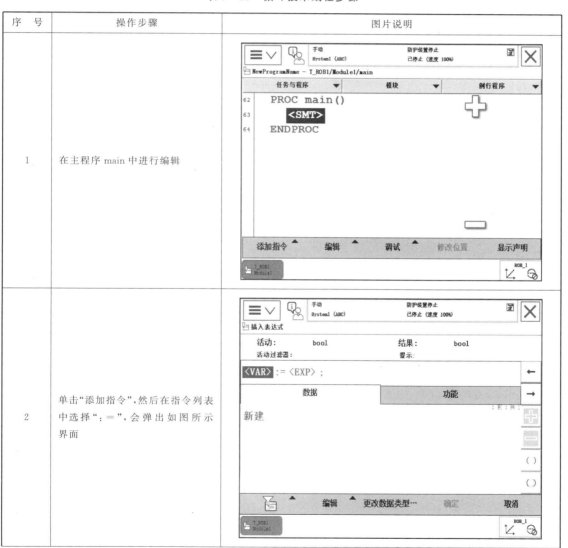

序　号	操作步骤	图片说明
3	单击"更改数据类型…"，在列表中选中 num 数字型数据，单击"确定"	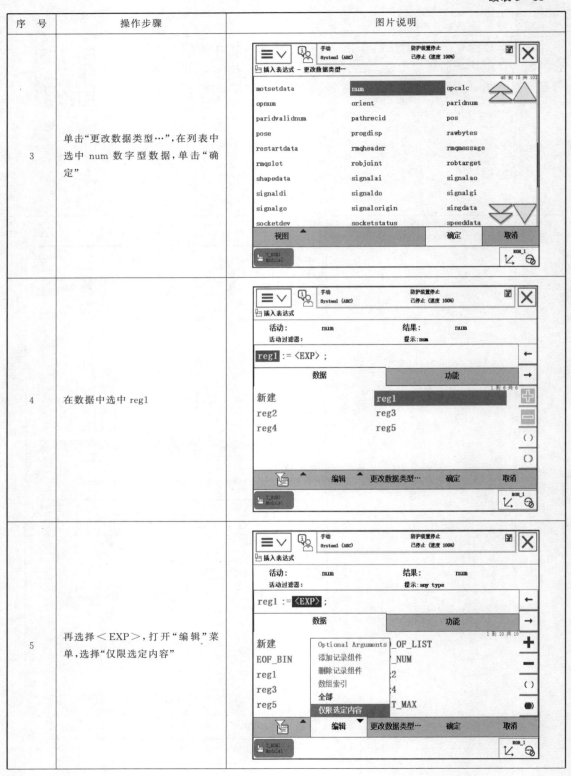
4	在数据中选中 reg1	
5	再选择＜EXP＞，打开"编辑"菜单，选择"仅限选定内容"	

序　号	操作步骤	图片说明
6	通过软键盘输入数字 1,然后单击"确定"	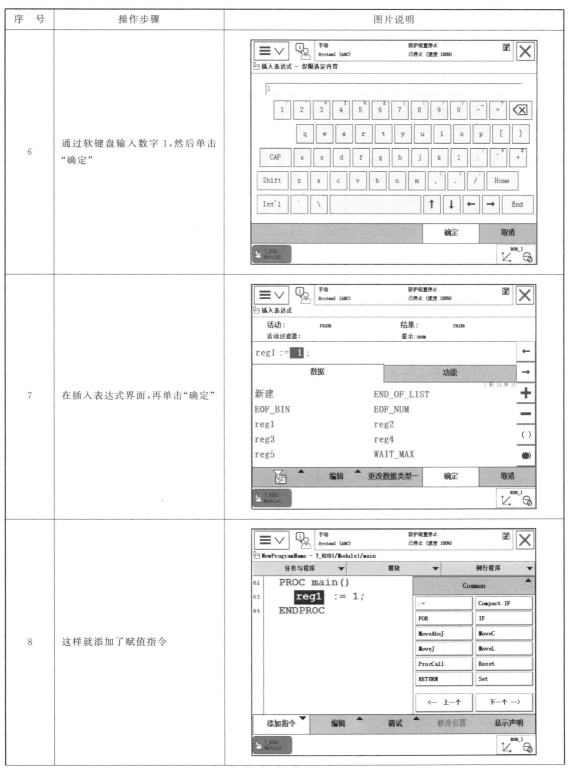
7	在插入表达式界面,再单击"确定"	
8	这样就添加了赋值指令	

序　号	操作步骤	图片说明
9	然后在指令下方再添加一个 WHILE 指令	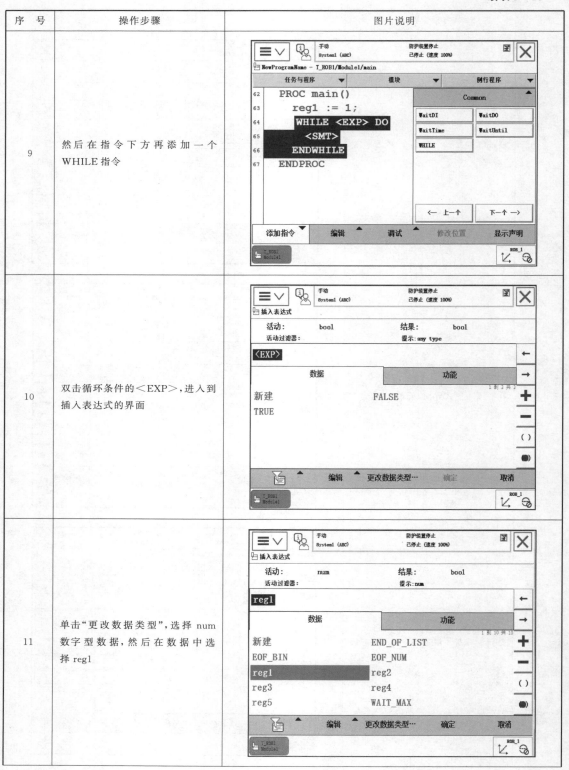
10	双击循环条件的＜EXP＞，进入到插入表达式的界面	
11	单击"更改数据类型"，选择 num 数字型数据，然后在数据中选择 reg1	

序　号	操作步骤	图片说明
12	单击右边的符号列中的"＋"按钮，出现一系列符号，选择"＜"	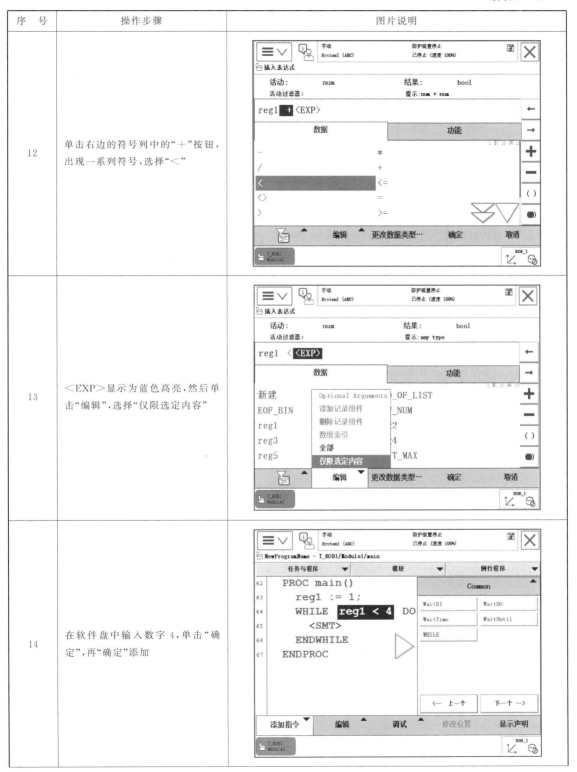
13	＜EXP＞显示为蓝色高亮，然后单击"编辑"，选择"仅限选定内容"	
14	在软件盘中输入数字 4，单击"确定"，再"确定"添加	

序　号	操作步骤	图片说明
15	再选中<SMT>，添加条件满足要执行的指令，在指令列表中选择 ProCall 例行程序调用指令，用来调用矩形轨迹例行程序	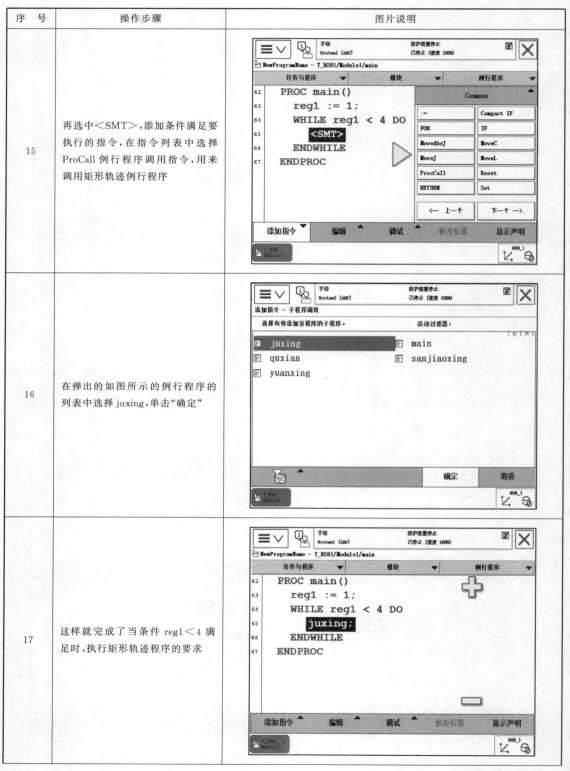
16	在弹出的如图所示的例行程序的列表中选择 juxing，单击"确定"	
17	这样就完成了当条件 reg1＜4 满足时，执行矩形轨迹程序的要求	

序　号	操作步骤	图片说明
18	添加"reg1：=reg1+1"赋值指令，每次循环 reg1 的值增加 1，来限制循环的次数，在指令列表中选择"：="指令	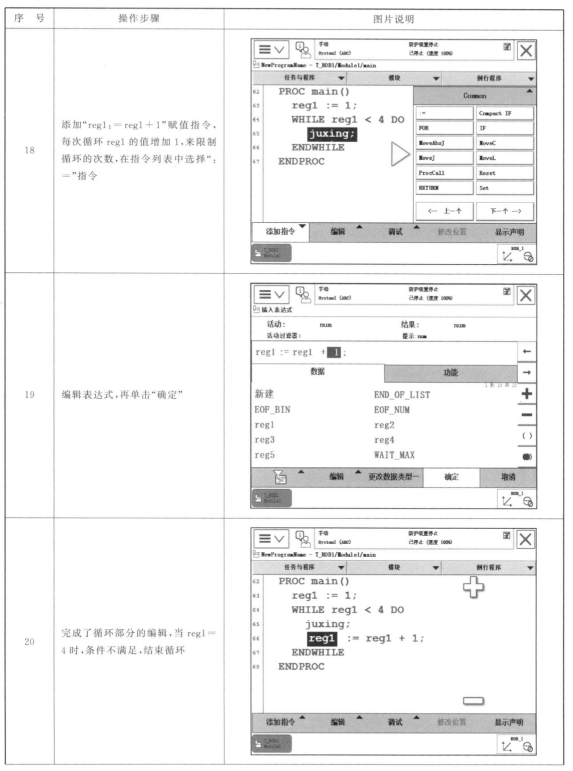
19	编辑表达式，再单击"确定"	
20	完成了循环部分的编辑，当 reg1=4 时，条件不满足，结束循环	

续表 3 – 18

序　号	操作步骤	图片说明
21	选中 WHILE 指令，然后添加 Pro-Call 指令，调用三角形轨迹程序，使循环结束后执行三角形轨迹程序	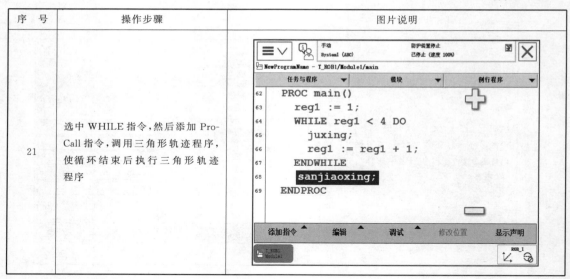

这样就完成了循环实例要求的内容的编辑，接下来对主程序进行测试，检查在运行中是否会出现错误，如果没有错误，则程序编辑完成，可以在自动运行模式下，进行运行程序。

任务三　程序调用指令的使用

【任务描述】

了解程序调用指令的使用，通过一个实例来详细讲解程序调用指令的应用，实例的具体内容为：建立一个主程序，并在主程序中调用矩形和三角形轨迹的子程序。

【知识学习】

实现主程序调用子程序的功能，主要是使用例行程序调用指令——ProcCall。通过调用对应的例行程序，当机器人执行到对应程序时，就会执行对应例行程序里的程序。一般在程序中指令比较多的情况下，通过建立对应的例行程序，再使用 ProcCall 指令实现调用，可以方便管理。

【任务实施】

主程序调用子程序。

实例内容：机器人从初始位置依次运行矩形和三角形轨迹后再回到初始位置。调用程序格式如下：

主程序调用子程序

```
PROC main()
    juxing; - - - - -矩形例行程序
    sanjiaoxing; - - - -三角形例行程序
ENDPROC
```

具体操作见表 3 – 19。

表 3 – 19 主程序调用子程序步骤

序号	操作步骤	图片说明
1	新建一个主程序 main，要在主程序中实现调用	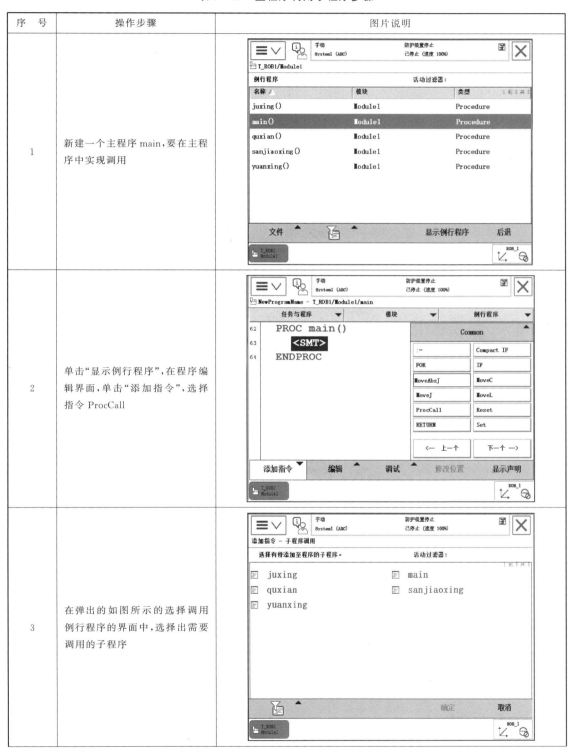
2	单击"显示例行程序"，在程序编辑界面，单击"添加指令"，选择指令 ProcCall	
3	在弹出的如图所示的选择调用例行程序的界面中，选择出需要调用的子程序	

序　号	操作步骤	图片说明
4	选择矩形的例行程序,然后单击"确定"	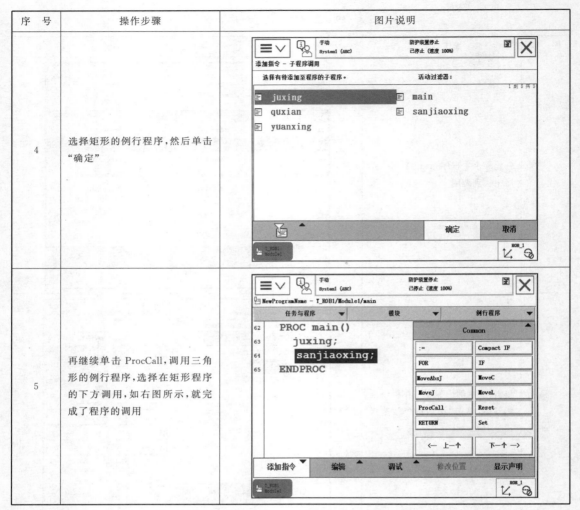
5	再继续单击 ProcCall,调用三角形的例行程序,选择在矩形程序的下方调用,如右图所示,就完成了程序的调用	

下面就可以对主程序进行测试,检查在运行中是否会出现错误,如果没有错误,则调用完成,可以在自动运行模式下,进行运行程序。

任务四　I/O 控制指令的使用

【任务描述】

了解 ABB 机器人常用的 I/O 控制指令,通过一个简单模拟生产线的实例编程,来详细讲解常用 I/O 控制指令的应用。

【知识学习】

1. I/O 控制指令

I/O 控制指令用于控制 I/O 信号,以达到与机器人周边设备进行通信的目的。在工业机器人工作站中,I/O 通信是很重要的学习内容,主要是指通过对 PLC 的通信设置来实现信号的交互,例如当打开相应开关,使 PLC 输出信号,而机器人就会接收到这个输入信号,然后做出相应的反应,来实现某项任务。

I/O
控制指令的使用

2. Set 数字信号置位指令

如图 3-16 所示,添加"Set"指令。Set 数字信号置位指令用于将数字输出(Digital Output)置位为 1。

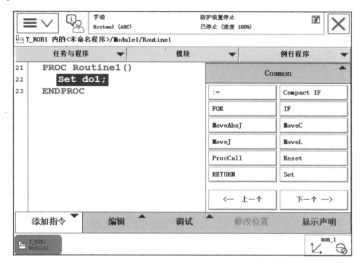

图 3-16　set 指令

Set do1 指令解析如表 3-20 所列。

表 3-20　Set do1 指令解析

参　数	含　义
do1	数字输出信号

2. Reset 数字信号复位指令

如图 3-17 所示,添加 Reset 指令。Reset 数字信号复位指令用于将数字输出(Digital Output)置位为 0。

如果在 Set、Reset 指令前有运动指 MoveL、MoveJ、MoveC、MoveAbsJ 的转弯区数据,必须使用 fine 才可以准确地输出 I/O 信号状态的变化。

5. WaitDI 数字输入信号判断指令

如图 3-18 所示,添加 WaitDI 指令。WaitDI 数字输入信号判断指令用于判断数字输入信号的值是否与目标一致。

WaitDI 指令解析如表 3-21 所列。

表 3-21　WaitDI 指令解析

参　数	含　义
di1	数字输入信号
1	判断的目标值

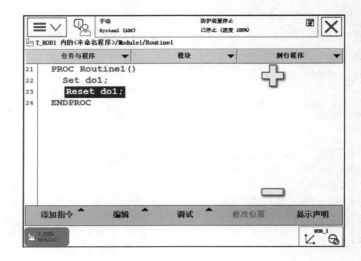

图 3 – 17　reset 指令

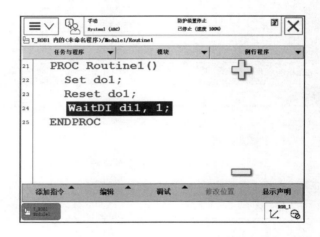

图 3 – 18　Wait DI 指令

在程序执行此指令时,等待 di1 的值为 1。如果 di1 为 1,则程序继续往下执行;如果达到最大等待时间 300s(此时间可以根据实际进行设定)以后,di1 的值还不为 1,则机器人报警或进入出错处理程序。

6. WaitDO 数字输出信号判断指令

如图 3 – 19 所示,添加 WaitDO 指令。WaitDO 数字输出信号判断指令用于判断数字输出信号的值是否与目标一致。

在程序执行此指令时,等待 do1 的值为 1。如果 do1 为 1,则程序继续往下执行;如果达到最大等待时间 300s 以后,do1 的值还不为 1,则机器人报警或进入出错处理程序。

7. WaitTime 时间等待指令

如图 3 – 20 所示,添加 WaitTime 时间等待指令,用于程序在等待一个指定的时间以后,再继续向下执行。如图 3 – 20 所示的设置是表示等待 4s 以后,程序向下执行指令。

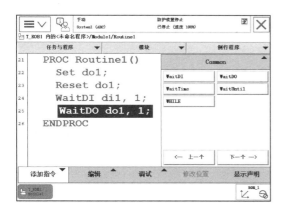

图 3 - 19　WaitDO 指令

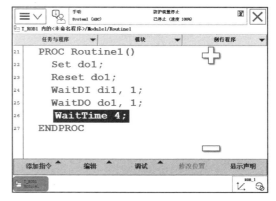

图 3 - 20　WaitTime 指令

【任务实施】

模拟生产线的 I/O 通信。

案例具体内容：当旋转模式开关，将模式拨到写字模式时，机器人运行到写字操作台取笔然后书写汉字，书写完成后将笔放回原处，回到初始位置。具体编程操作如表 3 - 22 所列。

模拟 I/O 通信
示教编程

表 3 - 22　模拟生产线 I/O 通信的步骤

序　号	操作步骤	图片说明
1	新建一个例行程序，如图所示，命名为"xiezi"	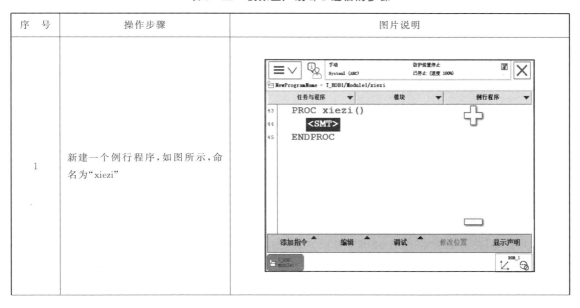

序　号	操作步骤	图片说明
2	添加 MoveAbsJ 指令，来设定机器人的初始姿态	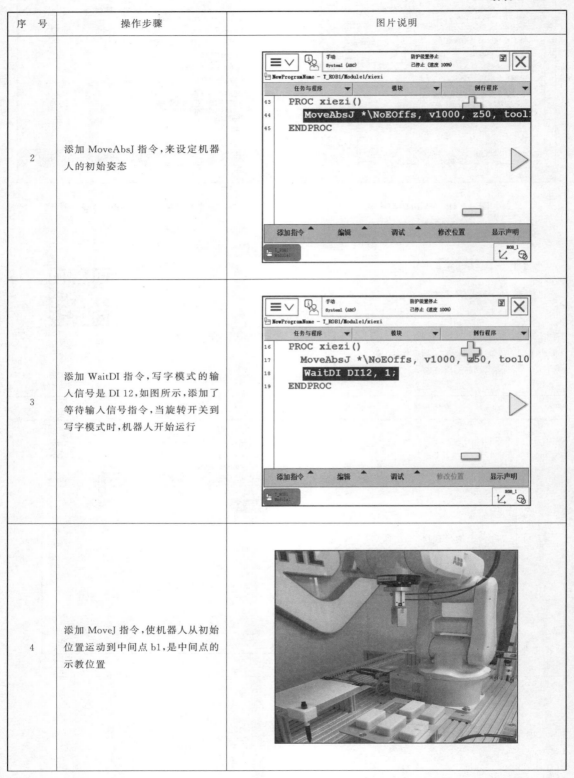
3	添加 WaitDI 指令，写字模式的输入信号是 DI 12，如图所示，添加了等待输入信号指令，当旋转开关到写字模式时，机器人开始运行	
4	添加 MoveJ 指令，使机器人从初始位置运动到中间点 b1，是中间点的示教位置	

序　号	操作步骤	图片说明
5	指令添加完成	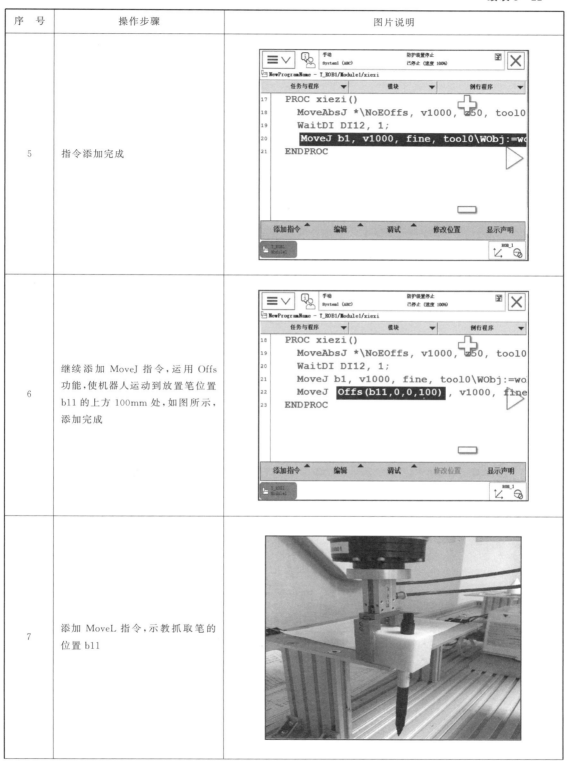
6	继续添加 MoveJ 指令,运用 Offs 功能,使机器人运动到放置笔位置 b11 的上方 100mm 处,如图所示,添加完成	
7	添加 MoveL 指令,示教抓取笔的位置 b11	

序 号	操作步骤	图片说明
8	单击修改位置,保存位置数据,指令添加完成	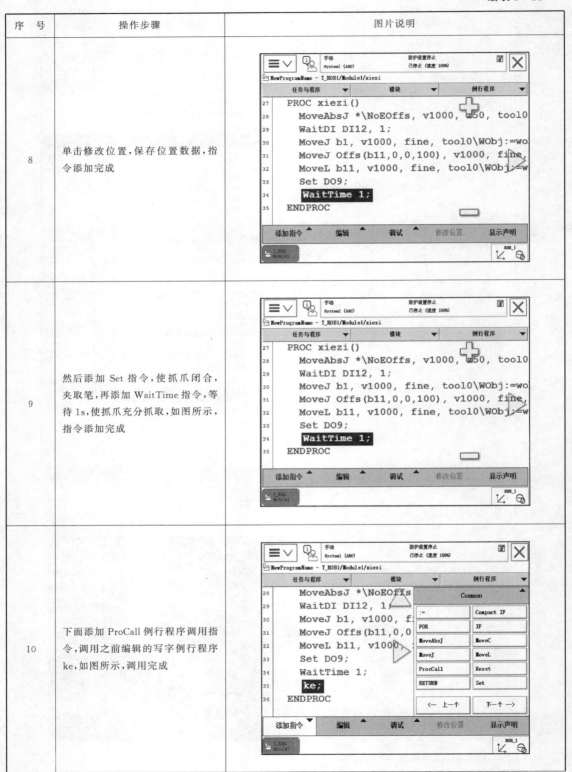
9	然后添加 Set 指令,使抓爪闭合,夹取笔,再添加 WaitTime 指令,等待 1s,使抓爪充分抓取,如图所示,指令添加完成	
10	下面添加 ProCall 例行程序调用指令,调用之前编辑的写字例行程序 ke,如图所示,调用完成	

续表 3 - 22

序　号	操作步骤	图片说明
11	例行程序 ke 运行结束后,机器人会停留在程序中的 Home 点位置,接下来要编辑指令使机器人将笔放回到原处,然后回到初始位置,依次复制抓取笔的指令,使机器人先运行到放笔位置的上方,然后运到到放笔的位置,如图所示	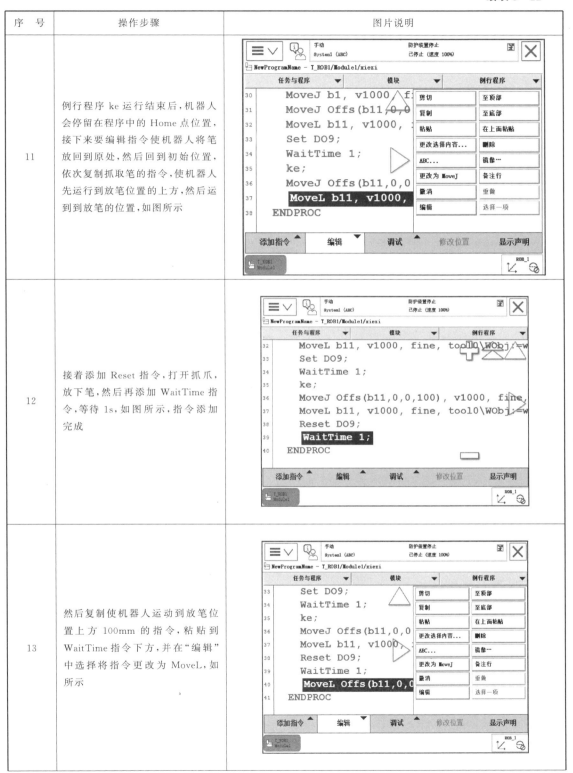
12	接着添加 Reset 指令,打开抓爪,放下笔,然后再添加 WaitTime 指令,等待 1s,如图所示,指令添加完成	
13	然后复制使机器人运动到放笔位置上方 100mm 的指令,粘贴到 WaitTime 指令下方,并在"编辑"中选择将指令更改为 MoveL,如所示	

序　号	操作步骤	图片说明
14	接着复制使机器人运动到中间点 b1 点的 MoveJ 指令,粘贴到下方,并将 MoveJ 指令更改成 MoveL 指令,如图所示	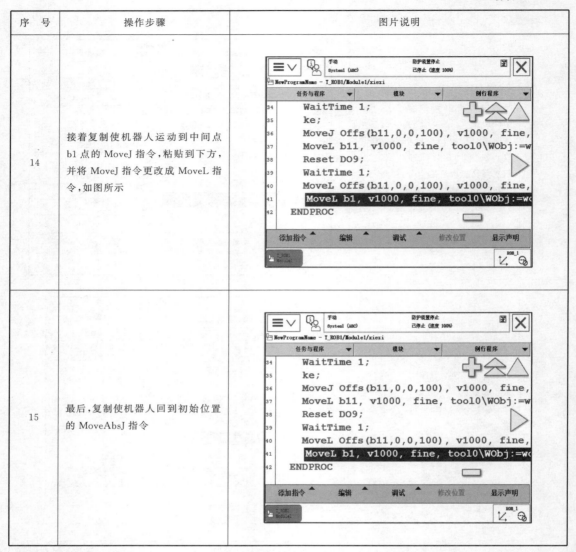
15	最后,复制使机器人回到初始位置的 MoveAbsJ 指令	

下面开始测试程序,单击"调试",选择"PP 移至例行程序",然后选择 xiezi,再按下示教器使能键,按下单步运行按钮,机器人会依次执行每一条指令。通过示教器逐行检查机器人是否按照预定轨迹移动。

上述检查完成后,单击"调试",单击"PP 移至例行程序",接着按下使能按钮,然后按下示教器上的连续运行按钮,当机器人到达初始位置后,停止不动,会等待写字的输入信号,当旋转开关到写字模式,机器人才会开始运动。以上就是选择写字模式,机器人会运行写字程序的示教编写。

任务五　多功能机器人工作站 RAPID 程序的建立

【任务描述】

在了解 ABB 机器人常用指令使用和程序模块操作的基础上,能够按步骤建立简单 RAPID 程序,通过模拟冲压流水线生产示教编程的实例,来详细讲解多功能机器人工作站 RAPID 程序示教编程的过程。

【知识学习】

工作站概述。

使用工业机器人进行码垛、上下料是一种成熟的机械加工辅助手段,在数控车床、冲床上下料环节中具有工件自动装卸的功能,主要适应于在大批量、重复性强或者工作环境具有高温、粉尘等恶劣条件情况下使用。本工作站将模拟码垛搬运、模拟运输冲压和模拟流水线生产与工业机器人共同构成一个柔性制造系统和柔性制造单元,并且具有机器人写字绘图功能。在发达国家中,工业机器人自动化生产线成套设备已成为自动化装备的主流及未来的发展方向,应用领域包括汽车制造、钣金冲压、机械加工、注塑、电子器件组装等几乎所有应用自动化生产线的行业。

工业机器人具有如下特点:

① 能实现自动运行,具有安全、多角度全方位 24 h 运行的特点,从而能为企业节省大量的人力、物力和财力;

② 具有定位精确、速度快、柔性高、生产质量稳定、工作节拍可调、运行平稳可靠等特点;

③ 能满足机床快速、大批量加工节拍要求。

多功能机器人基础培训工作站由工业机器人、多功能实训操作台、物料块、配套电缆等组成,如图 3 - 21 所示。

多功能机器人基础培训工作站搭载了三种不同功能的实训区域,分别为轨迹路线模块区、写字绘图模块区和流水线生产模块区。其中流水线模块区可以实现传送带码垛搬运功能和模拟冲压功能;轨迹线路模块区可以

图 3 - 21　多功能机器人基础培训工作站

实现对简单几何轨迹的示教编程操作;而写字绘图模块区可以通过示教或离线编程软件的应用实现写汉字和绘制图案的功能。本工作站介绍的实训案例涵盖了对 TCP 和工件坐标系的标定、简单几何轨迹示教编程、程序的调用、循环技术编程、模拟冲压编程、码垛搬运示教编程、IO 通信和写字绘图的编程,为读者提供案例参考,在实训过程中让读者学会工业机器人的基本操作和机器人程序代码的编辑,从而培养举一反三的能力。

【任务实施】

1. 简单 RAPID 程序的建立

在大概了解了 RAPID 程序编程的相关操作及基本指令后，现在就通过一个实例来体验一下 ABB 机器人的程序编辑。

编制一个程序的基本流程是：首先要确定需要多少个程序模块，多少个程序模块是由应用的复杂性所决定的，比如可以将位置计算、程序数据、逻辑控制等分配到不同的程序模块，方便管理；然后确定各个程序模块中要建立的例行程序，不同的功能就放到不同的程序模块中去，如夹具打开、夹具关闭这样的功能就可以分别建立成例行程序，方便调用与管理。

建立 RAPID 程序实例的工作要求是：机器人不工作时，在位置点 pHome 等待；当外部信号 di1 输入为 1 时，机器人沿着物体的一条边从 p10 到 p20 走一条直线，结束以后回到 pHome 点。

建立 RAPID 程序实例的具体操作见表 3 – 23。

表 3 – 23　建立 RAPID 程序的步骤

序　号	操作步骤	图片说明
1	单击"程序编辑器"，打开程序编辑器	
2	在弹出的对话框中单击"取消"	

序　号	操作步骤	图片说明
3	单击"文件"菜单,选择"新建模块"	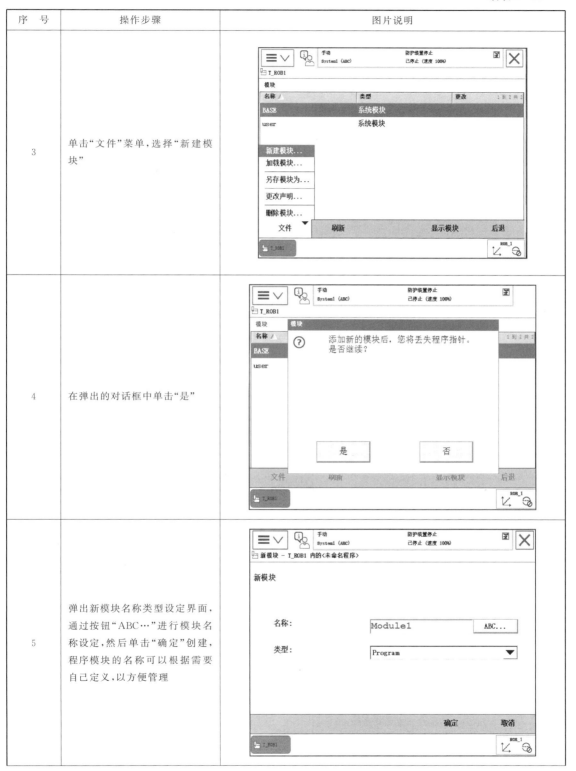
4	在弹出的对话框中单击"是"	
5	弹出新模块名称类型设定界面,通过按钮"ABC…"进行模块名称设定,然后单击"确定"创建,程序模块的名称可以根据需要自己定义,以方便管理	

序 号	操作步骤	图片说明
6	选中模块 Module1，然后单击"显示模块"	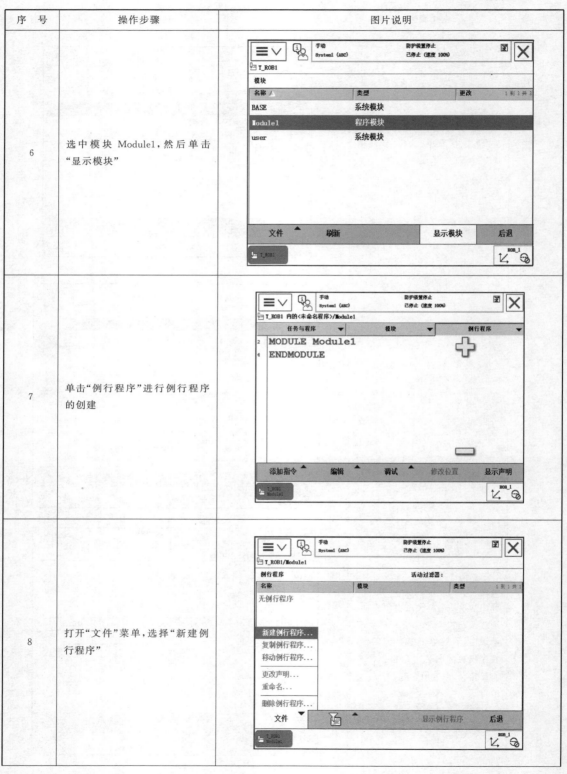
7	单击"例行程序"进行例行程序的创建	
8	打开"文件"菜单，选择"新建例行程序"	

序　号	操作步骤	图片说明
9	首先创建一个主程序,将其名称设定为 main,然后单击"确定"	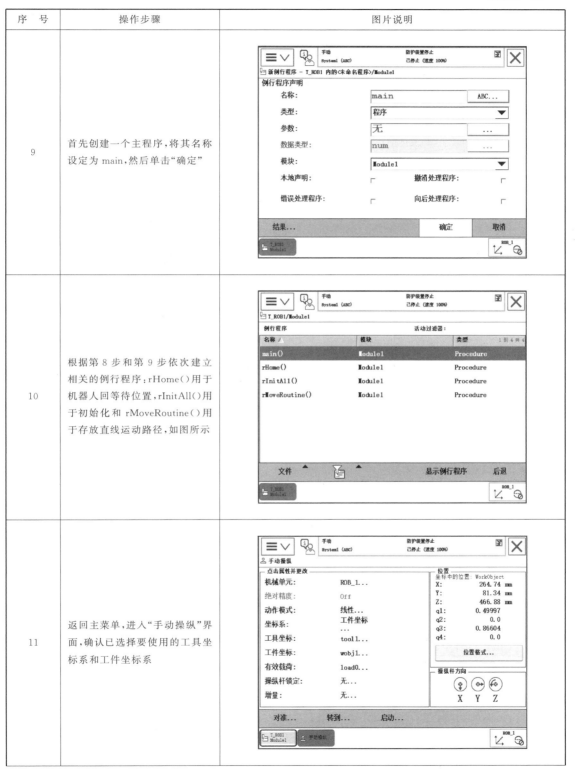
10	根据第 8 步和第 9 步依次建立相关的例行程序:rHome( )用于机器人回等待位置,rInitAll( )用于初始化和 rMoveRoutine( )用于存放直线运动路径,如图所示	
11	返回主菜单,进入"手动操纵"界面,确认已选择要使用的工具坐标系和工件坐标系	

序　号	操作步骤	图片说明
12	回到程序编辑器，选中 rHome，然后单击"显示例行程序"	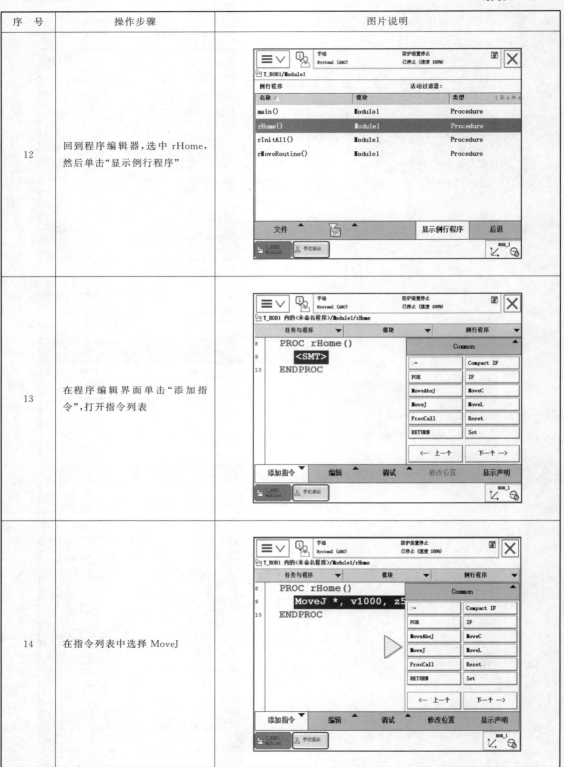
13	在程序编辑界面单击"添加指令"，打开指令列表	
14	在指令列表中选择 MoveJ	

续表 3 - 23

序　号	操作步骤	图片说明
15	关闭指令列表,双击"＊"进入指令参数修改界面	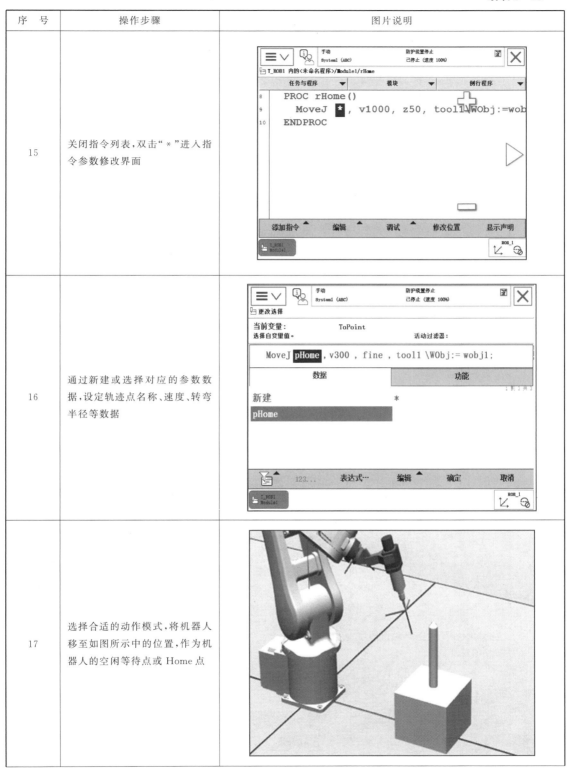
16	通过新建或选择对应的参数数据,设定轨迹点名称、速度、转弯半径等数据	
17	选择合适的动作模式,将机器人移至如图所示中的位置,作为机器人的空闲等待点或 Home 点	

147

序　号	操作步骤	图片说明
18	选中该指令行中的 pHome 目标点，单击"修改位置"，将机器人的当前位置数据记录下来，如图所示	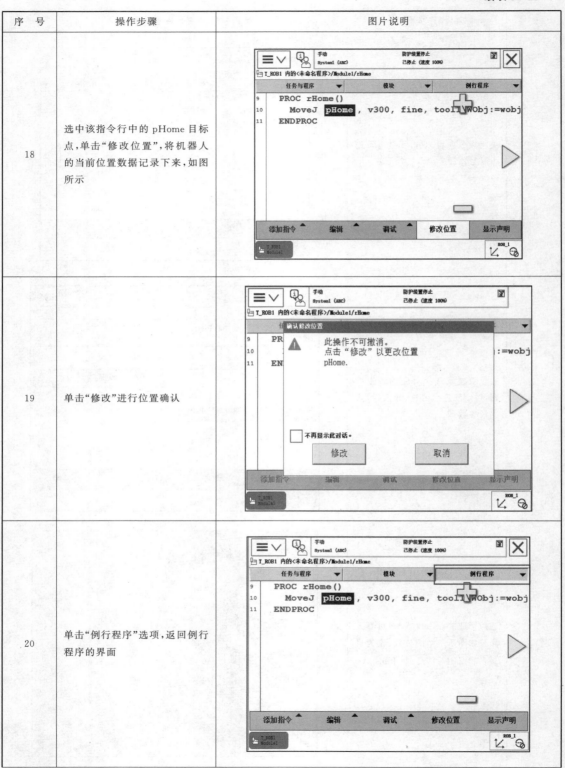
19	单击"修改"进行位置确认	
20	单击"例行程序"选项，返回例行程序的界面	

序　号	操作步骤	图片说明
21	选中 rInitAll 例行程序，然后单击"显示例行程序"	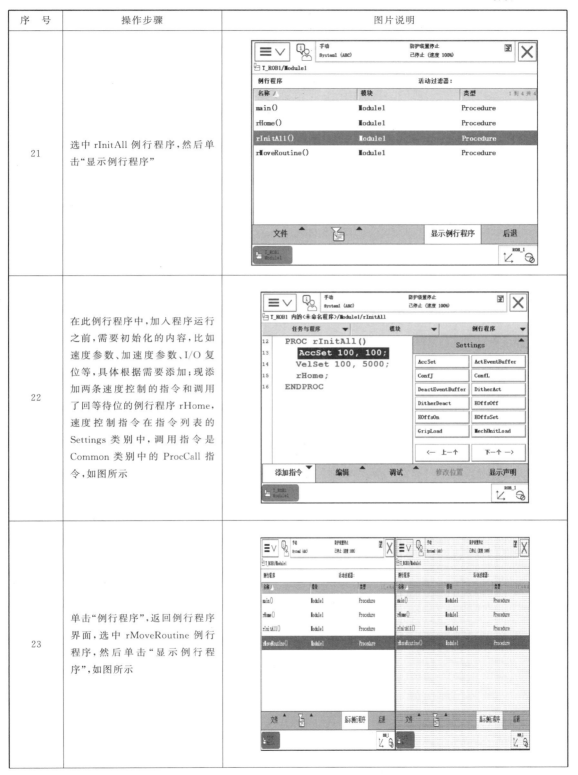
22	在此例行程序中，加入程序运行之前，需要初始化的内容，比如速度参数、加速度参数、I/O复位等，具体根据需要添加；现添加两条速度控制的指令和调用了回等待位的例行程序 rHome，速度控制指令在指令列表的 Settings 类别中，调用指令是 Common 类别中的 ProcCall 指令，如图所示	
23	单击"例行程序"，返回例行程序界面，选中 rMoveRoutine 例行程序，然后单击"显示例行程序"，如图所示	

序　号	操作步骤	图片说明
24	添加运动指令 MoveJ，并将参数设定为合适的数值	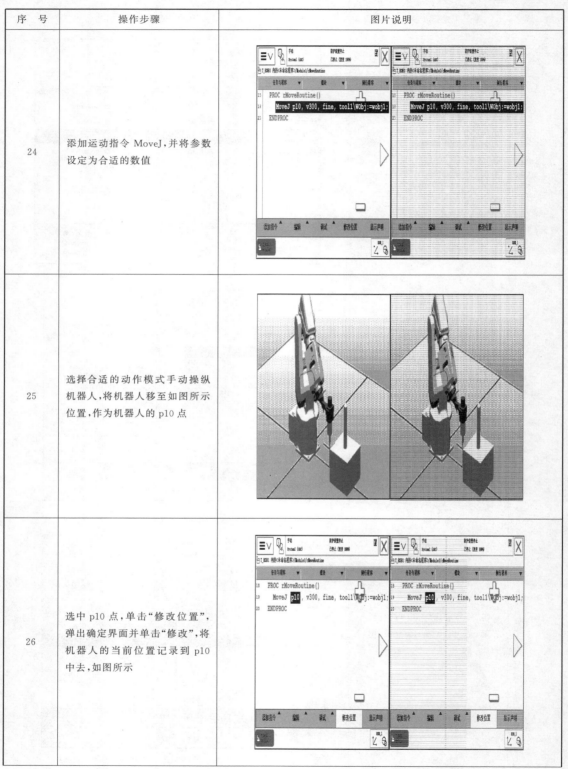
25	选择合适的动作模式手动操纵机器人，将机器人移至如图所示位置，作为机器人的 p10 点	
26	选中 p10 点，单击"修改位置"，弹出确定界面并单击"修改"，将机器人的当前位置记录到 p10 中去，如图所示	

续表 3-23

序　号	操作步骤	图片说明
27	添加运动指令 MoveL，并将参数设定为合适的数值	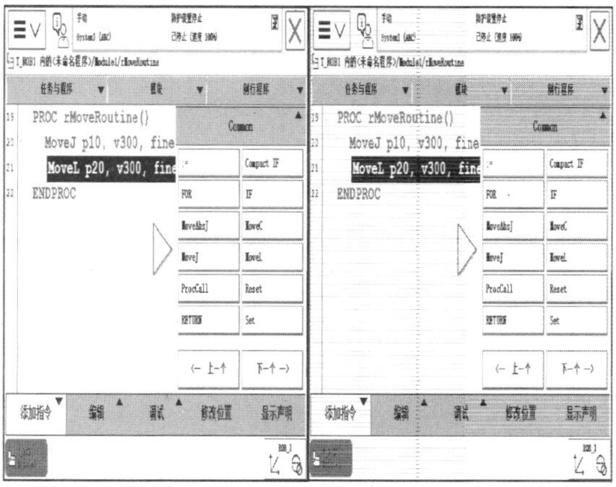
28	手动操纵机器人，将机器人移至如图所示的位置，作为机器人 p20 点	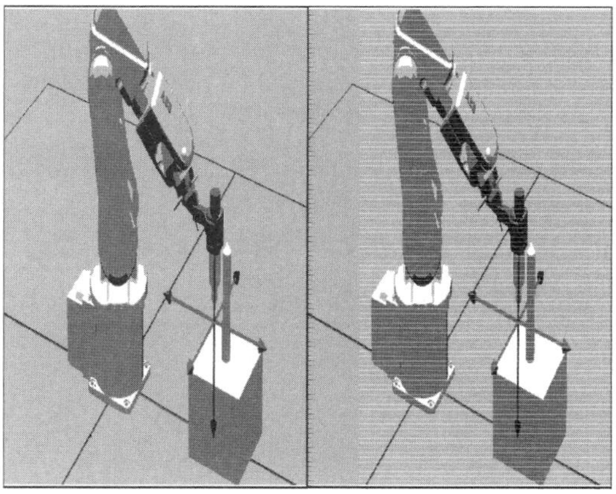
29	选中 P20 点，单击“修改位置”，并单击“修改”，将机器人的当前位置记录到 p20 中去，如图所示	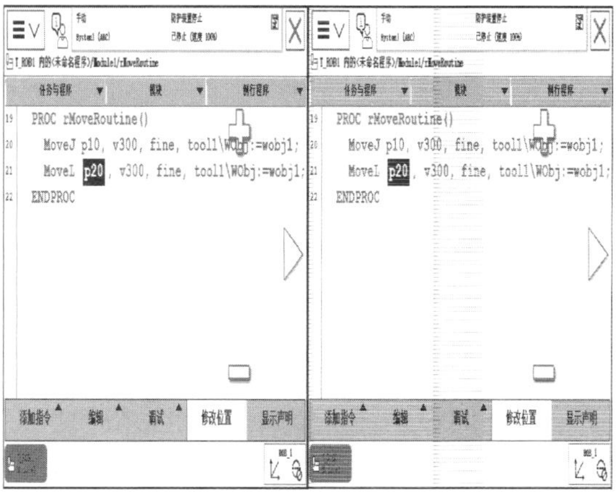

序 号	操作步骤	图片说明
30	单击"例行程序",返回例行程序界面,选中 main 主程序,然后单击"显示例行程序",进行程序结构的设定	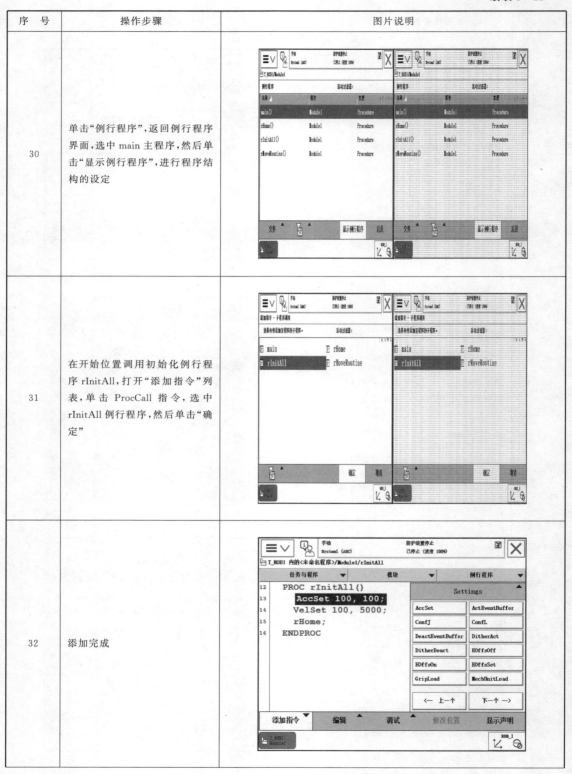
31	在开始位置调用初始化例行程序 rInitAll,打开"添加指令"列表,单击 ProcCall 指令,选中 rInitAll 例行程序,然后单击"确定"	
32	添加完成	

序　号	操作步骤	图片说明
33	初始化程序只在一开始时执行一次，为将初始化程序与正常运行的程序隔离开，使用 WHILE 指令构建一个死循环，添加 WHILE 指令，并将条件设定为 TRUE，如图所示	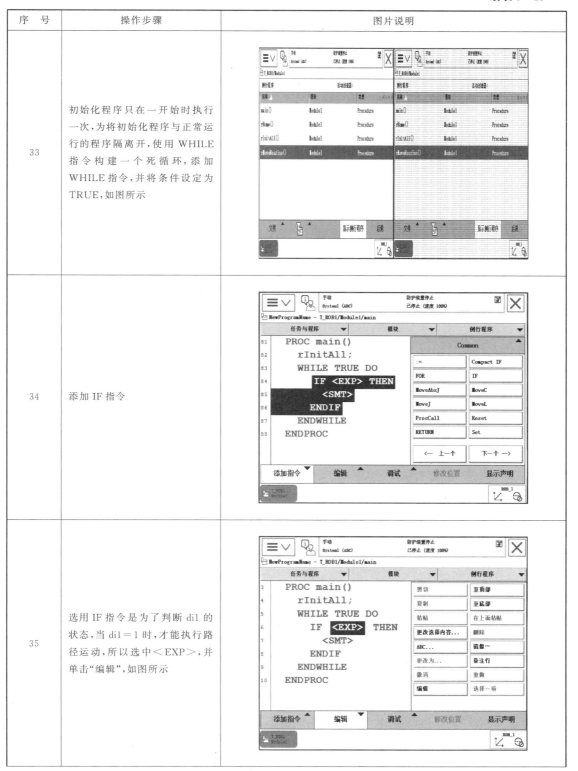
34	添加 IF 指令	
35	选用 IF 指令是为了判断 di1 的状态，当 di1＝1 时，才能执行路径运动，所以选中＜EXP＞，并单击"编辑"，如图所示	

序 号	操作步骤	图片说明
36	单击"ABC···",输入"di＝1",然后单击"确定"	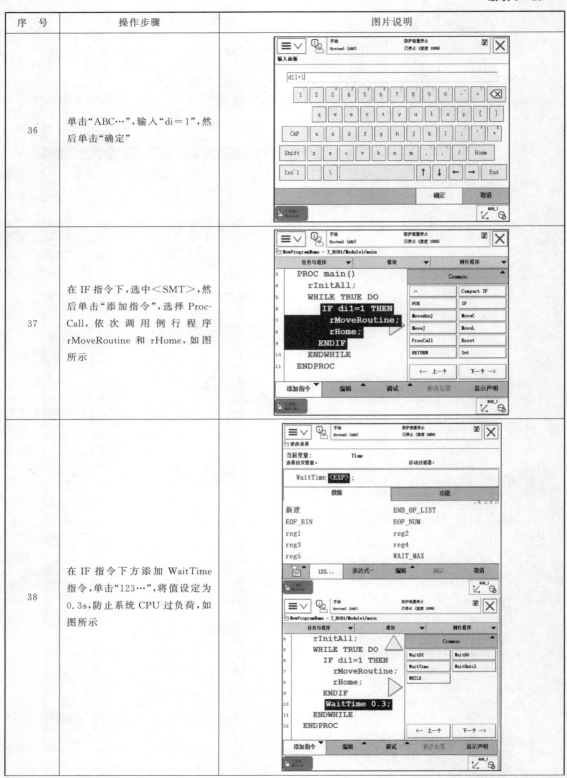
37	在 IF 指令下,选中＜SMT＞,然后单击"添加指令",选择 Proc-Call,依次调用例行程序 rMoveRoutine 和 rHome,如图所示	
38	在 IF 指令下方添加 WaitTime 指令,单击"123···",将值设定为 0.3s,防止系统 CPU 过负荷,如图所示	

续表 3 - 23

序 号	操作步骤	图片说明
39	单击"调试",打开调试菜单	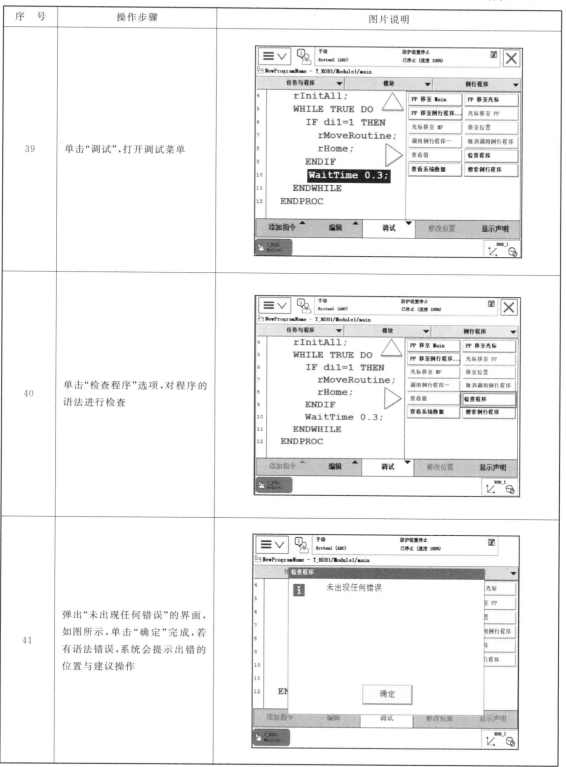
40	单击"检查程序"选项,对程序的语法进行检查	
41	弹出"未出现任何错误"的界面,如图所示,单击"确定"完成,若有语法错误,系统会提示出错的位置与建议操作	

至此,一个简单的 RAPID 程序就建立完成了,可以先进行手动调试,如没有问题,可进行自动运行。

2. 模拟冲压流水线生产示教编程

实例的具体内容是对模拟冲压流水线生产的过程进行示教编程。主要过程是:物料被摆放在半成品码垛区,机器人从这里夹取物块,放进料井,经过传送带运输到传送带的另一端,然后机器人再夹取物块放到冲压加工区进行冲压,冲压完成后,机器人夹取物块经过检测区进行质量检测或计数,最后放到成品码垛区,如图 3-22 所示。

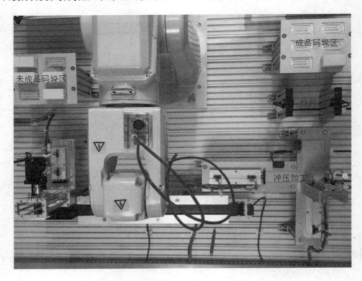

图 3-22 模拟冲压流水线工作台

示教编程时,将整个流水线生产分为未成品搬运、模拟运输冲压和成品搬运码垛三个部分来编辑,然后在程序中实现调用。编辑完第一块物料的生产程序后,其余的物料就可以使用偏移功能,更改未成品搬运和成品搬运码垛的例行程序中物料的位置数据,重新在程序中进行调用。

流水线生产工作的具体流程是:机器人从未成品码垛区将物块搬出放到料井中,料井底部的光电传感器检测到物块,其所控制的气缸和电机开始工作,物块被气缸推到传送带上,然后被运输到传动带另一端。皮带光电传感器检测有物块,即 PLC 给机器人输入信号 DI9,机器人会将物块夹取到冲压前光电传感器处,光电传感器检测有物块,机器人给 PLC 输出信号 Do10,冲压推料气缸开始工作,将物块推到冲压气缸下,进行冲压,冲压结束后,物料被气缸推出,冲压完成光电传感器检测有物块,即 PLC 给机器人输入信号 DI 10,机器人夹取物块经过工件识别区,最后将物料放在成品码垛区。

可以看出整个流水线生产中,是通过输入输出信号的状态和光电传感器的状态信号作为机器人输入端信号来控制抓爪、气缸及传送电机的开闭。

首先创建新的程序模块,如图 3-23 所示。

单击"显示模块",再单击"例行程序",新建五个例行程序,分别为 weichengpin、chongya、chengpin 和 rInitAll 和 No1,如图 3-24 所示。rInitAll 例行程序是初始化程序,在运行其他

图 3 - 23　创建程序模块

例行程序前需优先运行该初始化程序；NO 1 例行程序是指生产第一块物料的程序，最后会在这个程序中实现其他例行程序的调用。

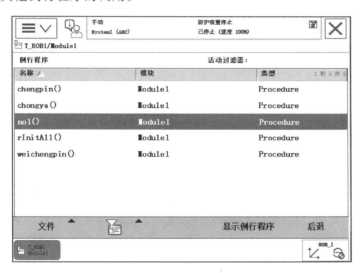

图 3 - 24　显示例行程序

在进行所有程序的编辑前，首先要对码垛盘进行工件坐标系的标定，新建立坐标系 wobjm，然后新建抓爪工具的坐标系 zhua，进行 TCP 的标定，这里的坐标系名称可以自行定义，具体步骤参考任务四相关内容，然后在手动操作界面，选择 zhua 和 wobjm，如图 3 - 25 所示，下面就可以进行各例行程序的编辑了。

3. 未成品搬运示教编程

使用示教器编写机器人夹起码垛盘上的未成品物料块，搬运到井式送料架上方，松开抓夹，使物料块落到料井中的例行程序。在程序中可以多次调用未成品搬运例行程序，完成多次夹取的操作。

模拟生产线未成品
搬运示教操作

157

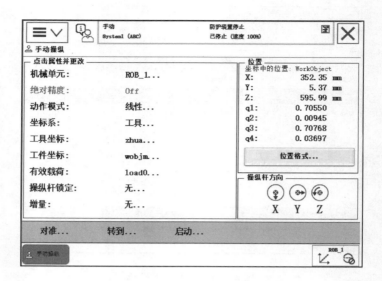

图 3-25　选择坐标系

如图 3-26 所示为未成品搬运的示教位置点。轨迹路线规划如下：机器人从初始位置运行到 p10 点上方 100mm 处，然后再运行到 p10 点，打开抓爪，抓取未成品物料，闭合抓爪，先运行到 p10 点上方 100mm 处，再运行到 p20 点，然后运行到 p30 点上方 20mm 处，最后运行到 p30 点，打开抓爪，物料块落入井式送料架中，机器人回到 p30 点上方 20mm 处，再运行到 p40 点，p40 点是井式送料架与传送带末端之间的中间点（这里的 100mm、20mm 可以根据实际情况进行自行设置）。

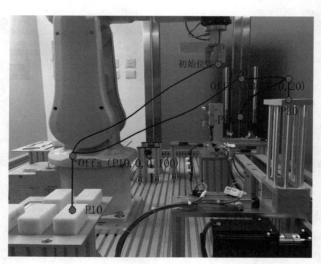

图 3-26　未成品搬运示教位置点

下面根据轨迹规划进行示教编程，具体操作如表 3-24 所列。

表 3 – 24 未成品搬运示教编程步骤

序 号	操作步骤	图片说明
1	在例行程序界面选中 weichengpin 例行程序,单击"显示例行程序"进入到例行程序编辑界面	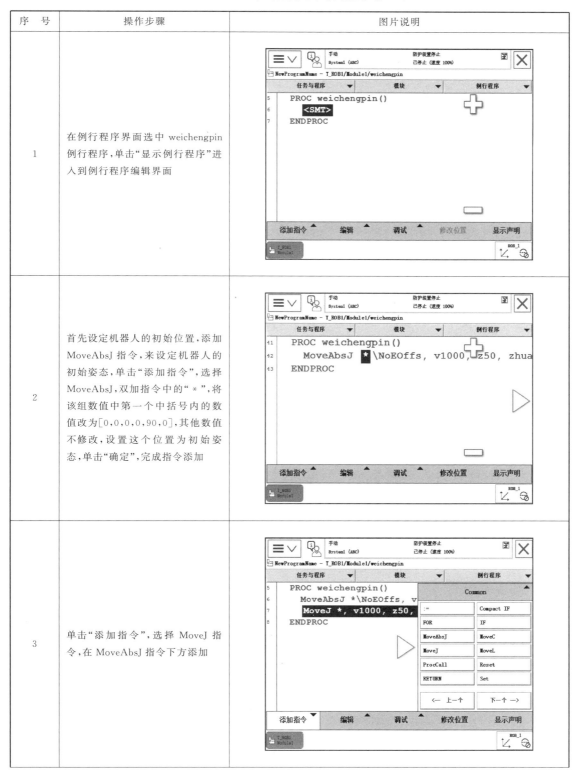
2	首先设定机器人的初始位置,添加 MoveAbsJ 指令,来设定机器人的初始姿态,单击"添加指令",选择 MoveAbsJ,双加指令中的"*",将该组数值中第一个中括号内的数值改为[0,0,0,0,90,0],其他数值不修改,设置这个位置为初始姿态,单击"确定",完成指令添加	
3	单击"添加指令",选择 MoveJ 指令,在 MoveAbsJ 指令下方添加	

序　号	操作步骤	图片说明
4	双击指令行中"＊"，使用 Offs 功能，设置目标点为 p10 点上方 100mm 处，Offs 后四个＜EXP＞参数，要依次修改为 p10、0、0、100，速度 v 改为 500，转弯区数据改为 fine，如图所示，指令添加完成	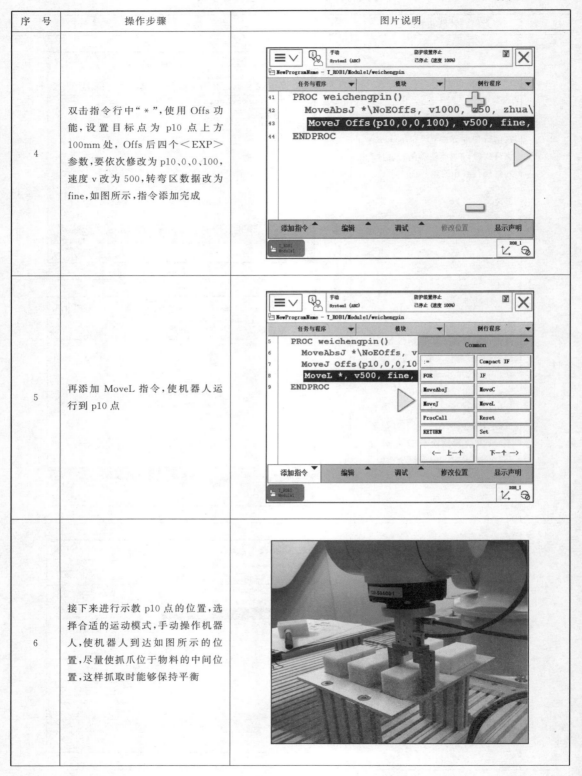
5	再添加 MoveL 指令，使机器人运行到 p10 点	
6	接下来进行示教 p10 点的位置，选择合适的运动模式，手动操作机器人，使机器人到达如图所示的位置，尽量使抓爪位于物料的中间位置，这样抓取时能够保持平衡	

续表 3-24

序 号	操作步骤	图片说明
7	在示教器编辑界面，双击"＊"，将目标点数据改为 p10，然后单击"修改位置"，保存当前位置数据，如图所示	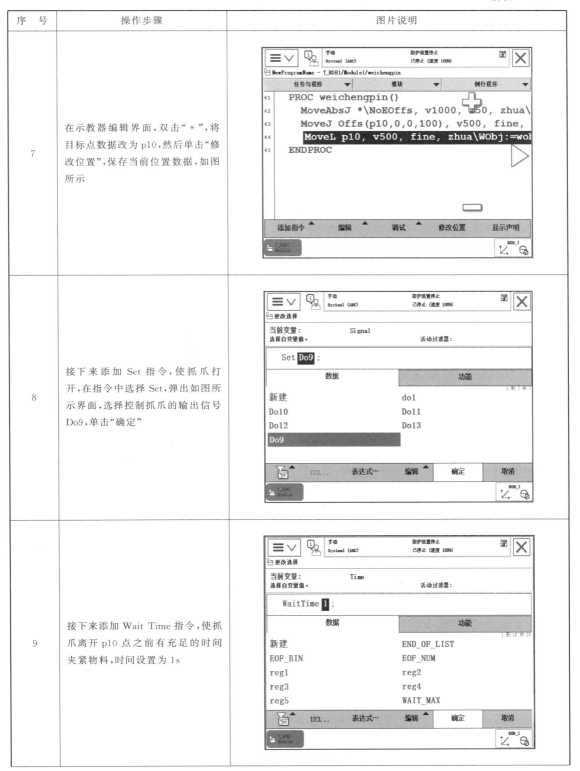
8	接下来添加 Set 指令，使抓爪打开，在指令中选择 Set，弹出如图所示界面，选择控制抓爪的输出信号 Do9，单击"确定"	
9	接下来添加 Wait Time 指令，使抓爪离开 p10 点之前有充足的时间夹紧物料，时间设置为 1s	

序 号	操作步骤	图片说明
10	选择 WaitTime 指令后,会弹出设置时间的界面,选择"123…",输入1,再单击"确定",指令添加完成	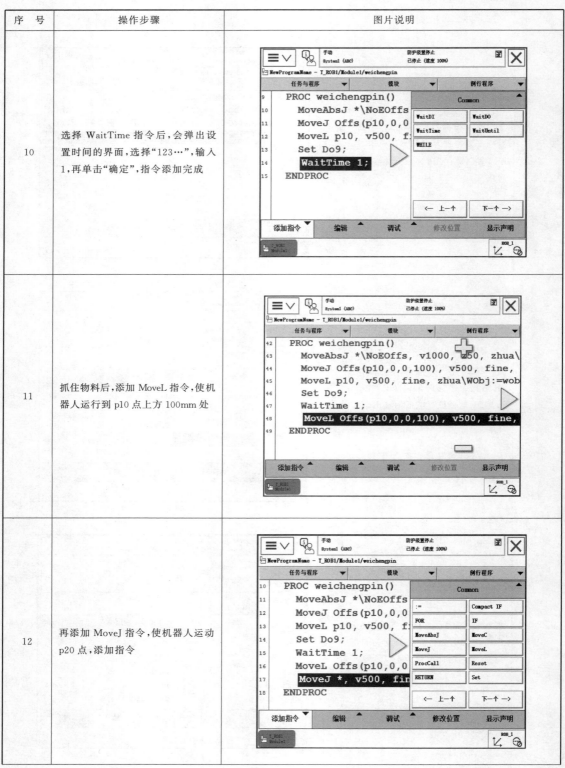
11	抓住物料后,添加 MoveL 指令,使机器人运行到 p10 点上方 100mm 处	
12	再添加 MoveJ 指令,使机器人运动 p20 点,添加指令	

序　号	操作步骤	图片说明
13	接下来需要示教 p20 点的位置,手动操作机器人运行到如图所示的 p20 点位置,机器人的抓爪要夹着物料块进行示教,这样会使位置更加准确	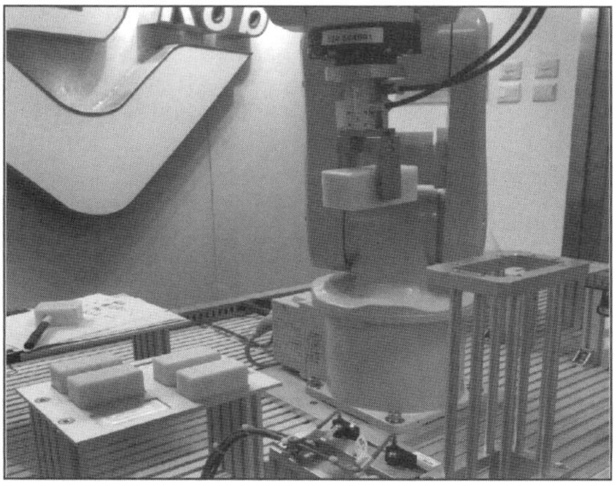
14	示教后,在编辑界面,将"＊"更改为 p20,然后单击"修改位置",保存当前位置数据,如图所示,指令添加完成	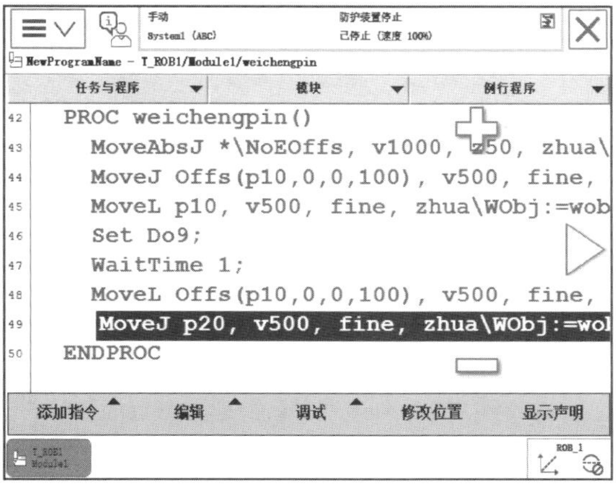
15	再添加 MoveJ 指令,目标点数据是 Offs(p30,0,0,20),使机器人运行到 p30 点上方 20mm 处,如图所示	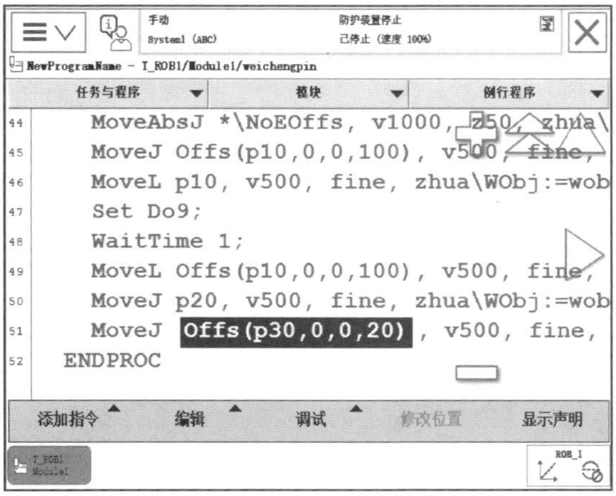

序　号	操作步骤	图片说明
16	添加 MoveL 指令, 然后示教 p30 点的位置, 移动机器人运动到如图所示的位置, 注意: 这个位置要仔细示教, 物料块的位置要与料井口的位置对应上, 以便物料能够顺利落入料井中	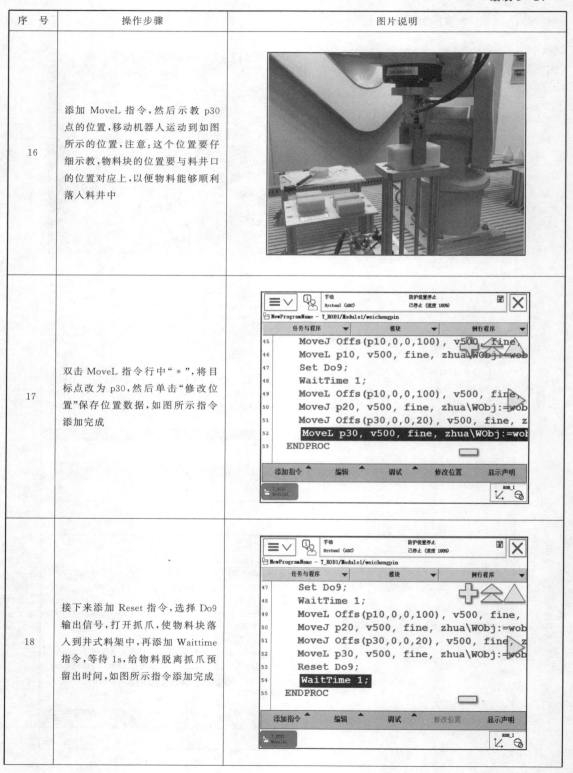
17	双击 MoveL 指令行中" ∗ ", 将目标点改为 p30, 然后单击"修改位置"保存位置数据, 如图所示指令添加完成	
18	接下来添加 Reset 指令, 选择 Do9 输出信号, 打开抓爪, 使物料块落入到井式料架中, 再添加 Waittime 指令, 等待 1s, 给物料脱离抓爪预留出时间, 如图所示指令添加完成	

序 号	操作步骤	图片说明
19	最后添加 MoveL 指令,目标点数据是 Offs(p30,0,0,20),使机器人回到 p30 点上方 20mm 处,如图所示指令添加完成	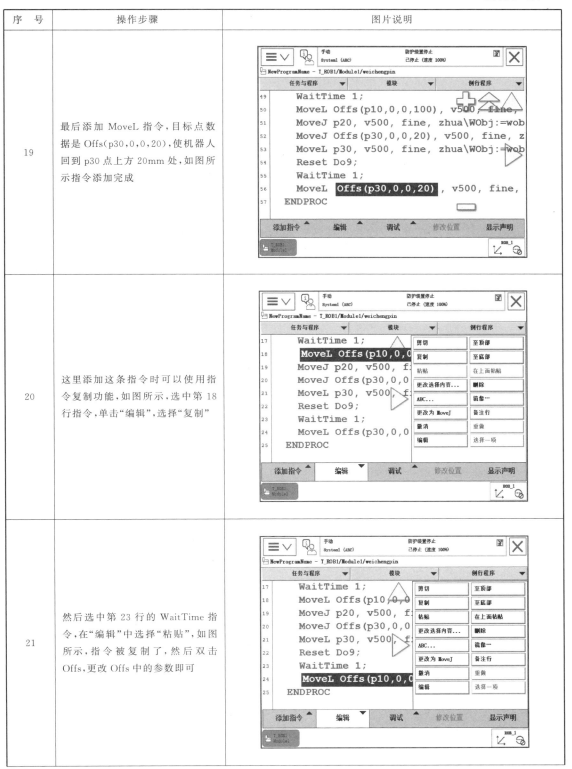
20	这里添加这条指令时可以使用指令复制功能,如图所示,选中第 18 行指令,单击"编辑",选择"复制"	
21	然后选中第 23 行的 WaitTime 指令,在"编辑"中选择"粘贴",如图所示,指令被复制了,然后双击 Offs,更改 Offs 中的参数即可	

序　号	操作步骤	图片说明
22	为了使机器人运行到 p40 点位置，接着添加 MoveJ 指令，然后示教 p40 点的位置，如图所示是 p40 点的位置	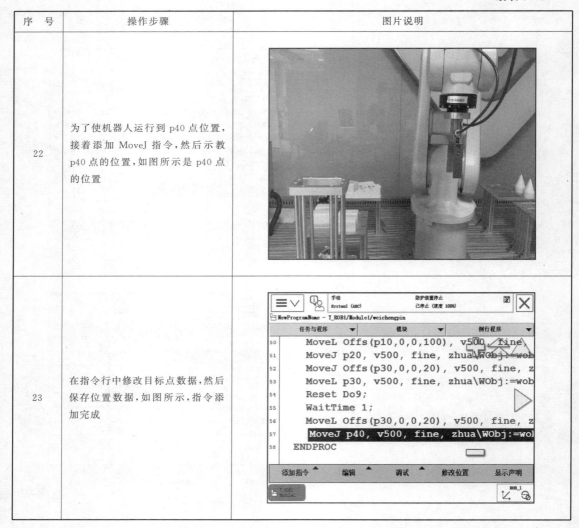
23	在指令行中修改目标点数据，然后保存位置数据，如图所示，指令添加完成	

这样未成品搬运的示教编程就完成了，接下来进行这段程序的调试。

单击"调试"，选择"PP 移至例行程序"，然后选择 weichengpin，再按下示教器使能键，然后按下单步运行按钮，机器人立即执行箭头所指的一行指令。通过示教器逐行检查机器人是否按照预定轨迹移动，若轨迹移动不正确，则将机器人移动至正确位置后，单击需要修改的位置点，然后单击"修改位置"保存正确的位置数值（注意：当轨迹出现偏差时，应立即松开使能键，避免各设备发生碰撞）。

4. 模拟冲压上下料示教编程

将要进行的是使用示教器编写模拟冲压的例行程序，如图 3 - 27 所示，轨迹路线规划如下：机器人从当前位置 p40 点，也就是搬运未成品后到达的中间点，运动到传送带末端的上方，也就是 p50 点上方 100mm 处，在这个位置等待物料被送达的信号，当皮带光电传感器感

模拟冲压
上下料示教操作

受到物料块后，PLC 给机器人一个输入信号 DI9，然后机器人接收到这个信号后运动到 p50 点，夹取物料，再上升到上方 100 mm 处，然后运动到冲压前推料气缸的上方，也就是 p60 点的上方 100 mm 处，再运行到 p60 点，放下物料块，这时推料气缸不会立即动作，要等待机器人发出信号 Do10 后，才会推送物料。机器人先移动到 p60 点上方 100 mm 处，在发出信号 Do10，然后运动到 p70 点位置等待物料被冲压完成（这里的 100 mm 可以根据实际情况进行自行设置）。

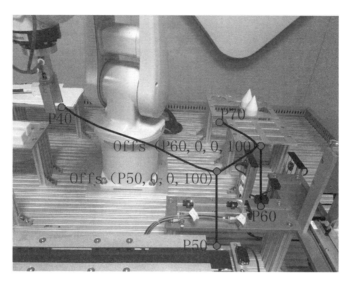

图 3 - 27　轨迹路线规划

下面根据轨迹规划开始进行运输冲压点的示教编程，具体操作步骤如表 3 - 25 所列。

表 3 - 25　冲压上下料的示教编程步骤

序　号	操作步骤	图片说明
1	在例行程序界面中选中名称为 chongya 的例行程序，单击"显示例行程序"，进入到程序编辑界面，如图所示	

序　号	操作步骤	图片说明
2	在 chongya 例行程序编辑界面，如图所示，首先添加 MoveJ 指令，机器人当前位置是在 p40 点位置，用 MoveJ 指令使机器人移动到 p50 点上方 100 mm 处	
3	更改指令中的参数，目标点数据是 Offs(p50,0,0,100)，速度 v500，转弯区数据 fine，如图所示，指令添加完成	
4	添加等待输入信号 WaitDI 指令，当物料块到达皮带末端后，信号发出，在指令中选择 WaitDI，弹出如图所示界面，选择信号 DI9，单击"确定"	

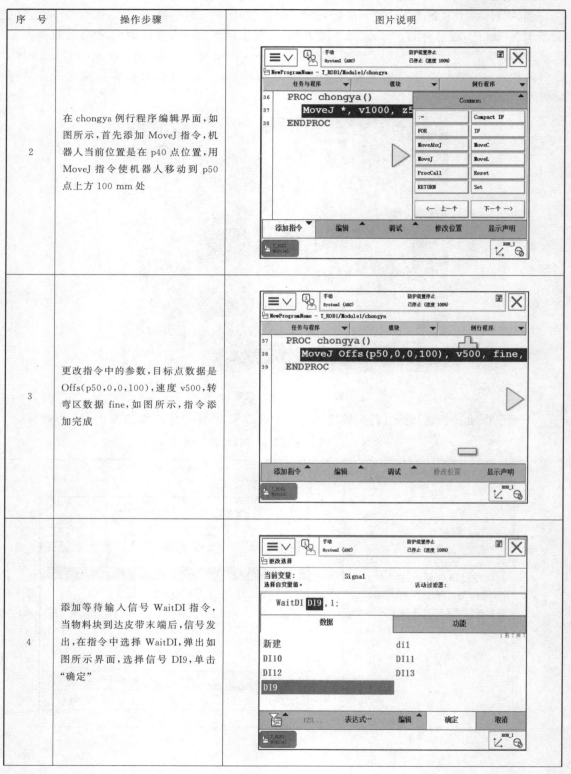

序　号	操作步骤	图片说明
5	指令添加完成	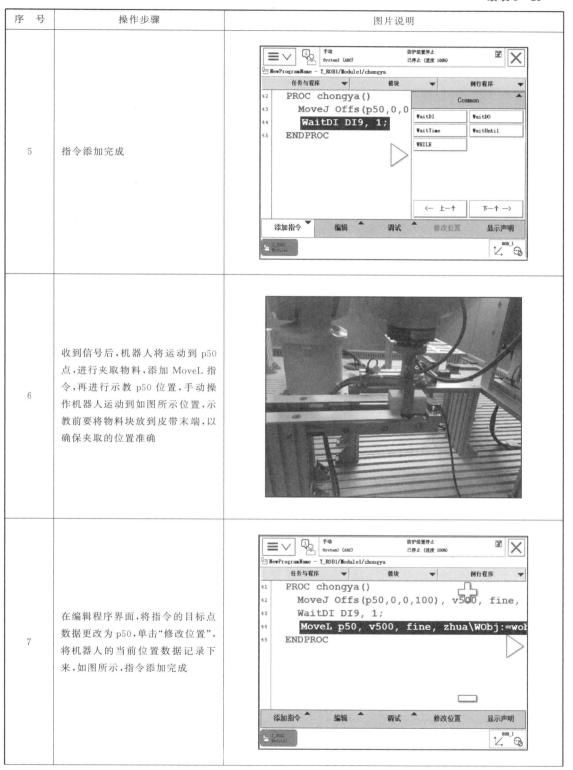
6	收到信号后,机器人将运动到 p50 点,进行夹取物料,添加 MoveL 指令,再进行示教 p50 位置,手动操作机器人运动到如图所示位置,示教前要将物料块放到皮带末端,以确保夹取的位置准确	
7	在编辑程序界面,将指令的目标点数据更改为 p50,单击"修改位置",将机器人的当前位置数据记录下来,如图所示,指令添加完成	

序　号	操作步骤	图片说明
8	达到 p50 点后,添加 Set 指令,使抓爪闭合,夹取物料,再添加一个 WaitTime 指令,等待 1s,使物料被充分加紧,如图所示,指令添加完成	
9	夹取物料后,再添加 MoveL 指令,使机器人运动到 p50 点上方 100mm 处,如图所示,指令添加完成	
10	接下来机器人会运动到推料气缸上方,准备放下物料,p60 点是放下物料位置点,所以机器人先运动到 p60 点 100mm 处,在程序中添加 MoveJ 指令,目标点数据是 Offs (p60,0,0,100),如图所示,指令添加完成	

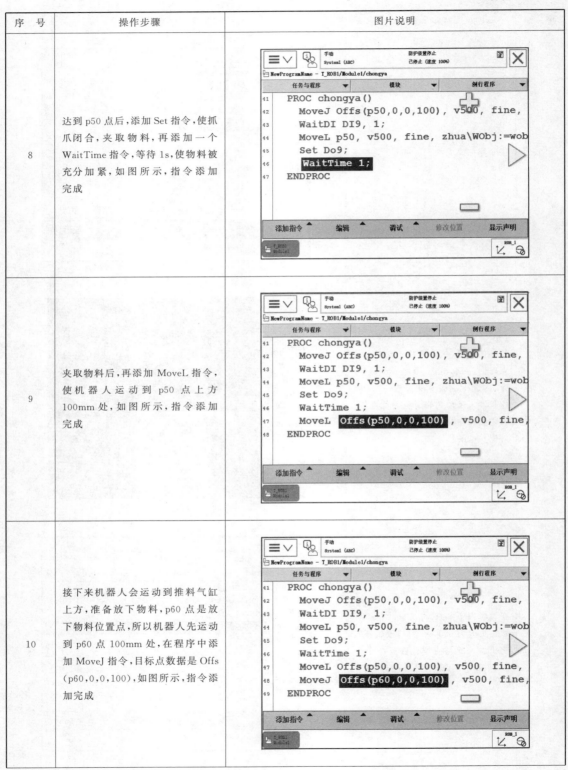

序　号	操作步骤	图片说明
11	再添加 MoveL 指令,使机器人运动到 p60 点,添加指令后示教放下物料位置 p60 点,手动操作机器人运动到如图所示位置	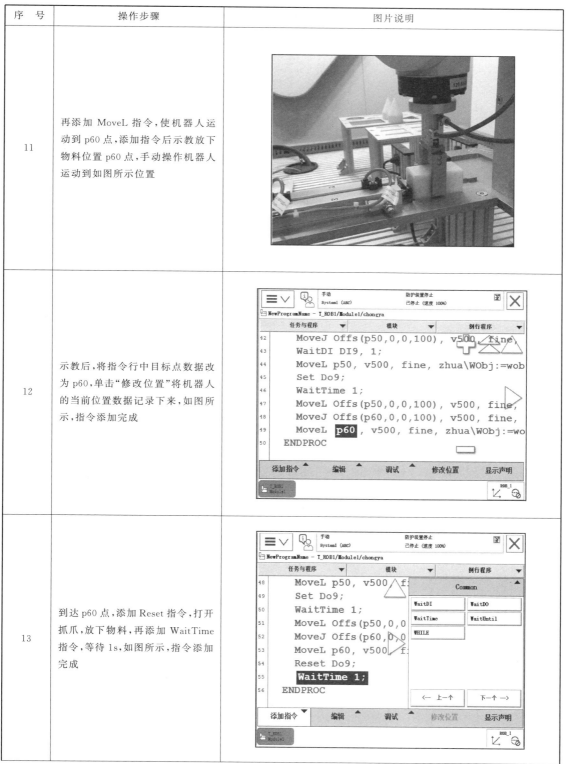
12	示教后,将指令行中目标点数据改为 p60,单击"修改位置"将机器人的当前位置数据记录下来,如图所示,指令添加完成	
13	到达 p60 点,添加 Reset 指令,打开抓爪,放下物料,再添加 WaitTime 指令,等待 1s,如图所示,指令添加完成	

序　号	操作步骤	图片说明
14	放下物料后,添加 MoveL 指令将机器人移动 p60 点上方 100 mm 处,使其离开气缸工作区域,如图所示,指令添加完成	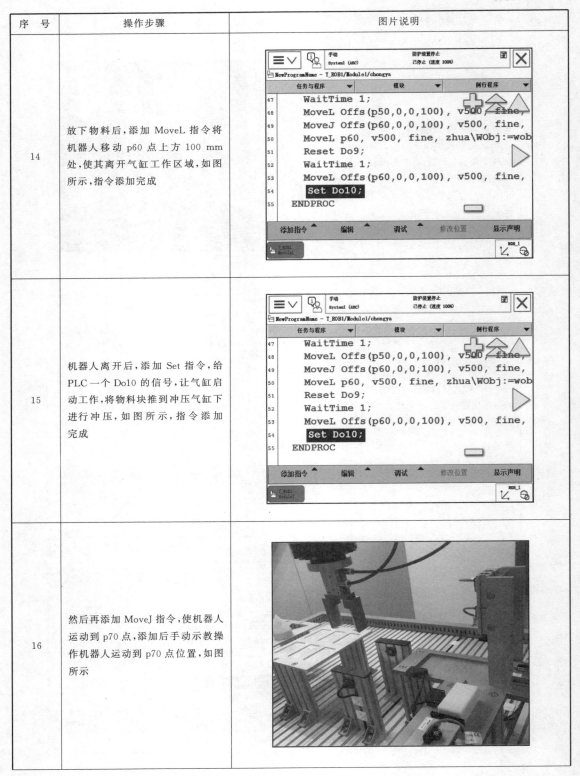
15	机器人离开后,添加 Set 指令,给 PLC 一个 Do10 的信号,让气缸启动工作,将物料块推到冲压气缸下进行冲压,如图所示,指令添加完成	
16	然后再添加 MoveJ 指令,使机器人运动到 p70 点,添加后手动示教操作机器人运动到 p70 点位置,如图所示	

序　号	操作步骤	图片说明
17	更改指令行中的目标点数据为p70,然后单击"修改位置"将机器人的当前位置数据记录下来,如图所示,指令添加完成	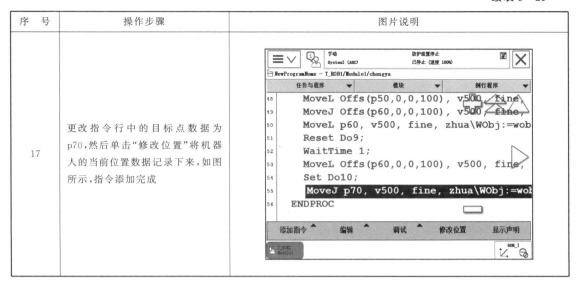

　　这样模拟运输冲压的示教编程就完成了。物料块会被气缸推到冲压气缸下进行冲压,冲压后再被气缸推出,这样就是完整的冲压过程。接下来就是将冲压后的成品经过工件检测装置,搬运到成品码垛盘上的过程。下面进行程序的调试。

　　单击"调试",选择"PP移至例行程序",然后选择 chongya,再按下示教器使能键,然后按下单步运行按钮,机器人立即执行箭头所指的一行指令。在模拟运输冲压的程序中涉及等待皮带光电信号和置位输出信号,因为工作站没有启动流水线运行模式,可以通过对 I/O 信号的仿真和强制操作来达到信号的输入和输出,通过示教器逐行检查机器人是否按照预定轨迹移动,若轨迹移动不正确,则将机器人移动至正确位置后,单击需要修改的位置点,然后单击"修改位置"保存正确的位置数值(注意:当轨迹出现偏差时,应立即松开使能键,避免各设备发生碰撞)。

5. 成品搬运码垛示教编程

　　接下来进行编写将冲压后的成品物料块搬运到码垛盘的例行程序,轨迹规划如图 3-28 所示。机器人从 p70 点运动到物料的上方,也就是 p80 点上方 100 mm 处,等待物料到达的信号 DI 10,收到信号后,运行到 p80 点,夹取物料,再抬起到 p80 点上方 100 mm 处,然后运行到工件识别装置的上方 p90 点,再向下运动到 p100 点,这个位置要低过检测装置,经过时

成品
搬运码垛示教操作

使物料能够被检测到,然后运行到 p110 点,完成检测过程,再抬起到 p110 点的上方 100 mm 处,然后运行到码垛盘放置物料位置的上方,也就是 p120 点上方的 100 mm 处,再下降到 p120 点,打开抓爪,放下成品物料,然后抬起到一个安全点位置,最后返回到初始位置,这就是成品物料码垛搬运的运动轨迹(这里的 100 mm 可以根据实际情况进行自行设置)。

　　下面就根据规划的运动轨迹进行成品搬运码垛的示教编程,具体操作如表 3-26 所列。

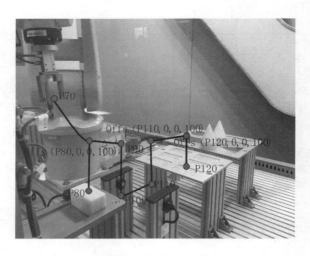

图 3-28　轨迹规划

表 3-26　成品搬运码垛示教编程步骤

序　号	操作步骤	图片说明
1	在例行程序界面选中 chengpin 例行程序，单击"显示例行程序"进入到例行程序编辑界面，如图所示	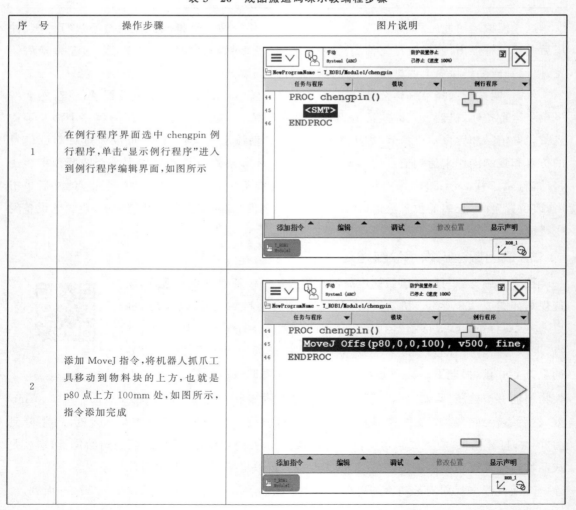
2	添加 MoveJ 指令，将机器人抓爪工具移动到物料块的上方，也就是 p80 点上方 100mm 处，如图所示，指令添加完成	

序　号	操作步骤	图片说明
3	在这里等待物料块冲压完成被推送出来的信号 DI 10,所以要添加等待输入信号 WaitDI 指令,如图所示,指令添加完成	
4	当物料被气缸推送出来后,机器人接到信号,将要向下运动抓取物料,这样就要添加 MoveL 指令,使机器人运动到 p80 点,如图所示,添加指令	
5	然后进行示教 p80 点的位置,如图所示,手动示教机器人到 p80 点位置	

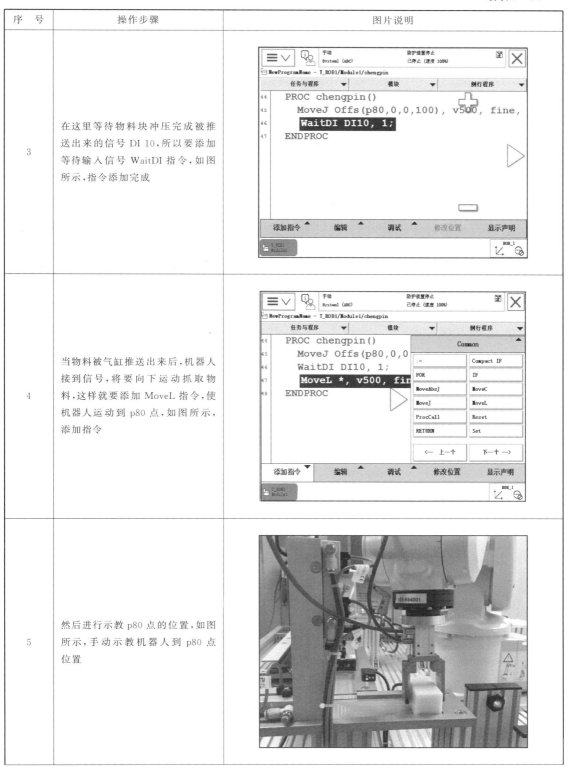

序　号	操作步骤	图片说明
6	在编辑界面,将指令的目标点数据更改为 p80,然后单击"修改位置"保存当前位置数据,如图所示,指令添加完成	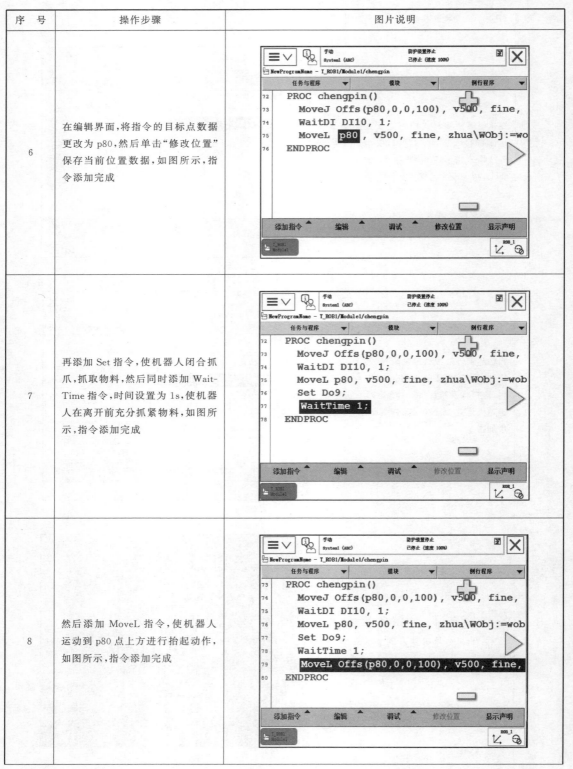
7	再添加 Set 指令,使机器人闭合抓爪,抓取物料,然后同时添加 WaitTime 指令,时间设置为 1s,使机器人在离开前充分抓紧物料,如图所示,指令添加完成	
8	然后添加 MoveL 指令,使机器人运动到 p80 点上方进行抬起动作,如图所示,指令添加完成	

序　号	操作步骤	图片说明
9	接下来添加 MoveL 指令,使机器人向前运动到工件识别区域上方,然后进行手动示教,操作机器人运动到如图所示的位置	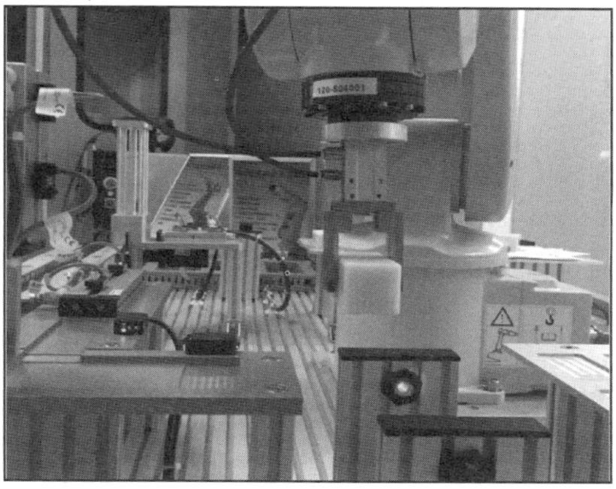
10	示教完成后将 MoveL 指令中的目标点数据更改为 p90,然后单击"修改位置",将机器人的当前位置数据记录下来,如图所示,指令添加完成	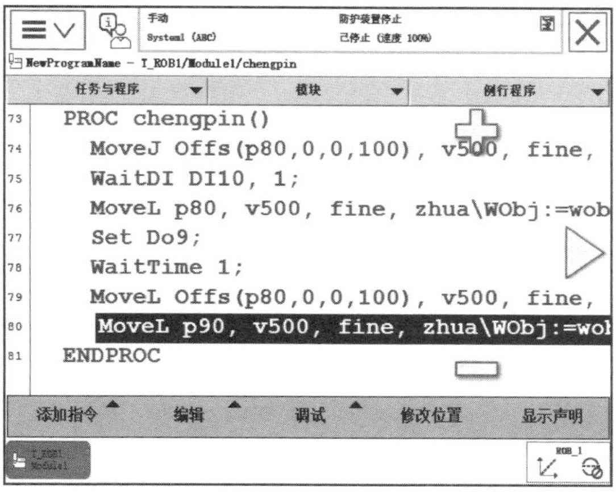
11	再添加 MoveL 指令,使机器人向下运动进入到待检测位置,如图所示,手动示教使机器人到达这个位置	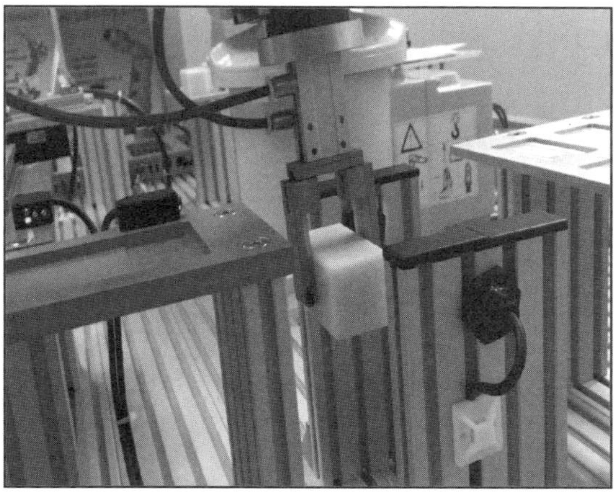

序　号	操作步骤	图片说明
12	在 MoveL 指令行中将目标点数据更改为 p100，单击"修改位置"将机器人的当前位置数据记录下来，如图所示，指令添加完成	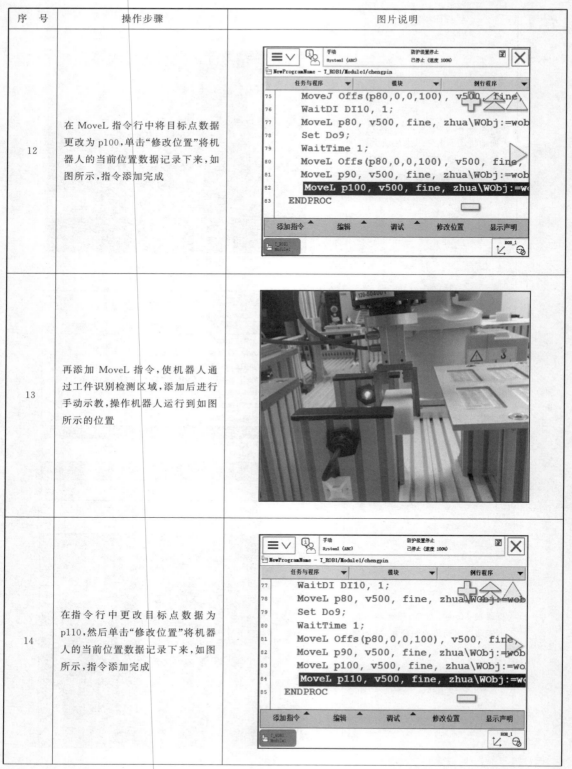
13	再添加 MoveL 指令，使机器人通过工件识别检测区域，添加后进行手动示教，操作机器人运行到如图所示的位置	
14	在指令行中更改目标点数据为 p110，然后单击"修改位置"将机器人的当前位置数据记录下来，如图所示，指令添加完成	

续表 3 - 26

序　号	操作步骤	图片说明
15	再添加 MoveL 指令，使机器人向上抬起，这里将机器人抬起到 p110 点上方 100mm 处就可以了，所以直接将目标点数据改为 Offs（p110,0,0,100），不用进行示教，如图所示，指令添加完成	
16	机器人要运动到放置成品物料块的码垛盘上方，也就是 p120 点的上方 100mm 处，添加 MoveJ 指令，目标点数据更改为 Offs（p120,0,0,100），如图所示，指令添加完成，当然也可以选择示教这点的位置，不使用 Offs 偏移功能	
17	再添加 MoveL 指令，使机器人到达 p120 点，放置成品物料块，添加指令后，进行手动示教，使机器人运动到如图所示的位置	

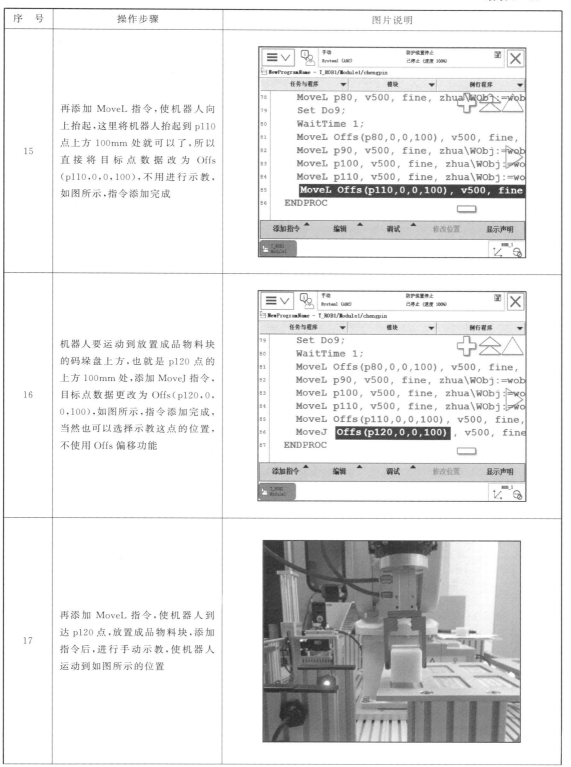

序　号	操作步骤	图片说明
18	在指令行中更改目标点数据,改为 p120,然后单击"修改位置"保存当前位置数据,如图所示,指令添加完成	
19	到达放置位置后,接下来添加 Reset 指令,打开抓爪,放下物料,再添加 WaitTime 指令,等待 1s,如图所示,指令添加完成	
20	放下成品物料块后,添加 MoveL 指令,使机器人上升到码垛盘上方合适高度,以 p120 点上方 150 mm 为示例,如图所示	

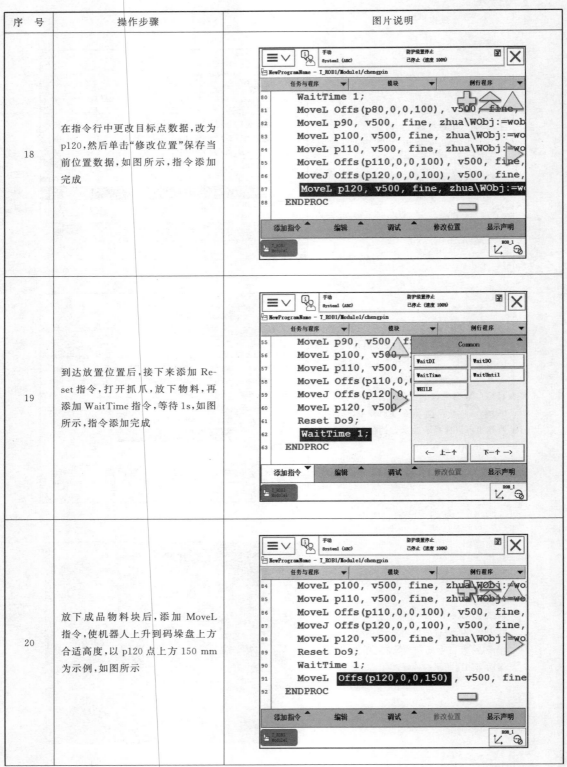

续表 3 - 26

序　号	操作步骤	图片说明
21	最后，添加 MoveAbsJ 指令，使机器人回到初始位置，双击指令中的"＊"，将该组数值中第一个中括号内的数值改为[0,0,0,0,90,0]，其他数值不修改，也就是最开始设置的初始姿态，如图所示，指令添加完成	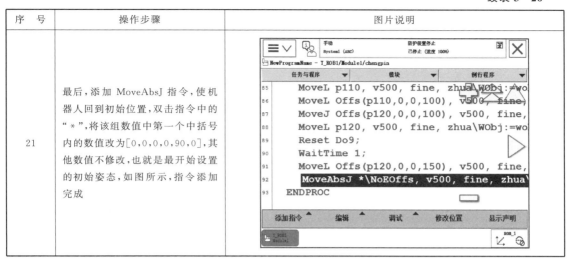

以上的示教编程就是物料块被冲压完成后，成品物料被机器人搬运到码垛盘的过程。接下来进行这段程序的调试。

单击"调试"，选择"PP 移至例行程序"，然后选择 chengpin，再按下示教器使能键，然后按下单步运行按钮，机器人立即执行箭头所指的一行指令。通过示教器逐行检查机器人是否按照预定轨迹移动，若轨迹移动不正确，则将机器人移动至正确位置后，单击需要修改的位置点，然后单击"修改位置"保存正确的位置数值（注意：当轨迹出现偏差时，应立即松开使能键，避免各设备发生碰撞）。

6．初始化例行程序的编辑

初始化程序的编辑是很重要的，一般来说是加入需要作初始化的内容，如速度限定、夹具复位等，具体根据需要添加。对于多功能机器人工作站来说，初始化程序中需要加入信号复位指令，使所有的输出信号复位。具体操作如表 3 - 27 所列。

表 3 - 27　初始化例行程序的编辑步骤

序　号	操作步骤	图片说明
1	在例行程序列表中，选择"rInitAll"例行程序，单击"显示例行程序"	（界面截图）

续表 3 - 27

序　号	操作步骤	图片说明
2	添加"Reset"信号复位指令，如图所示，这样，初始化例行程序就编辑完成了	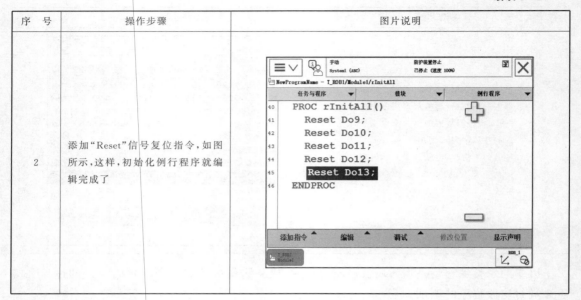

7. 流水线生产程序的编辑

未成品物料搬运、模拟运输冲压、成品搬运码垛和初始化例行程序的编辑完成后，就可以实现在程序中按照生产顺序进行调用了，具体操作如表 3 - 28 所列。

模拟
生产线生产示教操作

表 3 - 28　流水线生产程序的编辑步骤

序　号	操作步骤	图片说明
1	在程序列表中，选择 No1 例行程序，单击"显示例行程序"	

序 号	操作步骤	图片说明
2	单击"添加指令",在指令列表中选择 ProcCall 调用指令	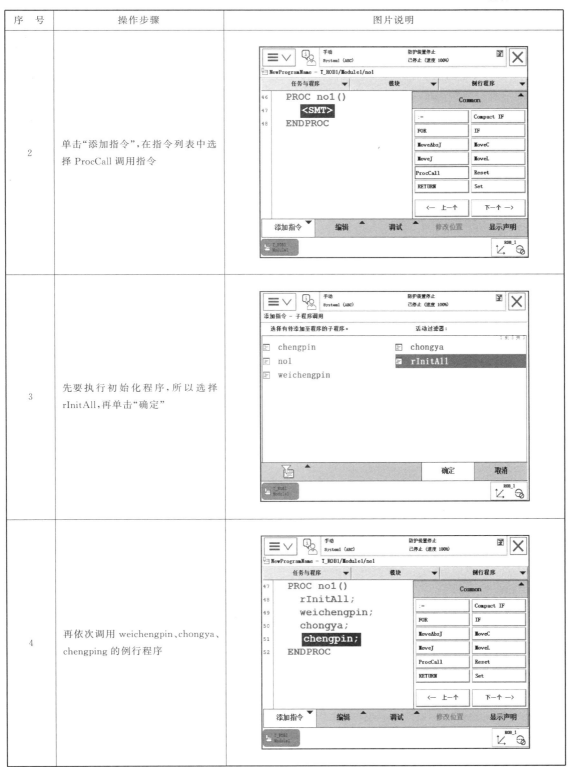
3	先要执行初始化程序,所以选择 rInitAll,再单击"确定"	
4	再依次调用 weichengpin、chongya、chengping 的例行程序	

　　这样模拟流水线生产的示教编程就完成了,下面进行调试程序。

　　单击"调试",选择"PP 移至例行程序",然后选择 No1,再按下示教器使能键,然后按下单步运行按钮,机器人会依次执行每一个例行程序。通过示教器逐行检查机器人是否按照预定轨迹移动,若轨迹移动不正确,则将机器人移动至正确位置后,单击需要修改的位置点,然后单击"修改位置"保存正确的位置数值(注意:当轨迹出现偏差时,应立即松开使能键,避免各设备发生碰撞)。

　　上述检查完成后,在操作面板上将模式旋转到"流水线",然后启动"流水线运行"模式,单击"调试",然后单击"PP 移至例行程序",接着按下使能按钮,然后按下示教器上的连续运行按钮,观察机器人执行指令时轨迹是否出现偏差,信号的连接是否流畅,如果没有偏差,能够完整地执行完流水线程序,则轨迹示教编程完成。

　　以上编辑是对第一块物料进行模拟冲压流水线的示教编程,如果要连续生产多块物料,则可以将 weichengpin 和 chengpin 例行程序进行复制操作,重新命名以便于区分,然后将程序中物料块的位置进行修改保存,再重新实现调用,组成"No 2"等新的例行程序,最后会在主程序 main 中将 No1"、No2 等多个物料块的生产程序实现调用,这样就能够连续运作。

项目四 工业机器人的 I/O 通信

【知识点】

- ABB 机器人 I/O 通信的种类；
- ABB 机器人常用 I/O 板 DSQC651 和 DSQC652 的组成；
- ABB 机器人 I/O 信号的监控及操作。

【技能点】

- ABB 机器人标准 I/O 板 DSQC651 的配置；
- I/O 信号的仿真及强制操作；
- 示教器可编程按钮的配置及使用。

任务一 ABB 机器人 I/O 通信初识

【任务描述】

在了解 ABB 机器人 I/O 通信种类及常用标准 I/O 板的基础上，对 DSQC651 板进行配置，定义总线连接、数字输入输出信号机模拟输出信号。

【知识学习】

1. ABB 机器人 I/O 通信的种类

ABB 机器人提供了丰富的 I/O 通信接口，可以轻松地实现与周边设备进行通信（见表 4 - 1），其中 RS232 通信、OPC server、Socket Message 是与 PC 通信时的通信协议，PC 通信接口需要选择选项 PC - INTERFACE 才可以使用；Device Net、Profibus、Profibus - DP、Profinet、EtherNet IP 则是不同厂商推出的现场总线协议，使用何种现场总线，要根据需要进行选配；如果使用 ABB 标准 I/O 板，就必须有 DeviceNet 的总线。

**ABB 机器人
常用 I/O 通信板介绍**

关于 ABB 机器人 I/O 通信接口的说明：

① ABB 标准 I/O 板提供的常用信号处理有数字输入 DI、数字输出 DO、模拟输入 AI、模拟输出 AO 以及输送链跟踪，常用的标准 I/O 板有 DSQC651 和 DSQC652；

② ABB 机器人可以选配标准 ABB 的 PLC，省去了与外部 PLC 进行通信设置的麻烦，并且可以在机器人的示教器上实现与 PLC 相关的操作。

本章以最常用的 ABB 标准 I/O 板 DSQC651 为例，详细讲解如何进行相关的参数设定。

表 4-1　ABB 机器人通信方式

ABB 机器人		
PC	现场总线	ABB 标准
RS232 通信 OPC server Socket Message	Device Net Profibus Profibus-DP Profinet EtherNet IP	标准 I/O 板 PLC …… …… ……

2. ABB 机器人常用标准 I/O 板的说明

ABB 标准 I/O 板是挂在 DeviceNet 网络上的,所以要设定模块在网络中的地址。常用的 ABB 标准 I/O 板如表 4-2 所列。

表 4-2　ABB 标准 I/O 板

序　号	型　号	说　明
1	DSQC651	分布式 I/O 模块 di8、do8、ao2
2	DSQC652	分布式 I/O 模块 di16、do16
3	DSQC653	分布式 I/O 模块 di8、do8 带继电器
4	DSQC355A	分布式 I/O 模块 ai4、ao4
5	DSQC377A	输送链跟踪单元

(1) ABB 标准 I/O 板 DSQC651

DSQC651 板主要提供 8 个数字输入信号、8 个数字输出信号和 2 个模拟输出信号的处理。模块接口说明如图 4-1 所示。

DSQC651 板有 X1、X3、X5、X6 四个模块接口,各模块接口连接说明如下:

1) X1 端子

X1 端子接口包括 8 个数字输出,地址分配如表 4-3 所列。

表 4-3　X1 端子地址分配

X1 端子编号	使用定义	地址分配
1	OUTPUT CH1	32
2	OUTPUT CH2	33
3	OUTPUT CH3	34
4	OUTPUT CH4	35
5	OUTPUT CH5	36
6	OUTPUT CH6	37
7	OUTPUT CH7	38
8	OUTPUT CH8	39
9	0V	
10	24V	

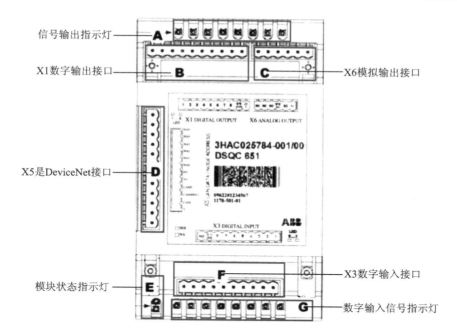

信号输出指示灯

X1数字输出接口

X5是DeviceNet接口

模块状态指示灯

X6模拟输出接口

X3数字输入接口

数字输入信号指示灯

图 4 - 1　DSQC651 板

2）X3 端子

X3 端子接口包括 8 个数字输入，地址分配如表 4 - 4 所列。

表 4 - 4　X3 端子地址分配

X3 端子编号	使用定义	地址分配
1	INPUT CH1	0
2	INPUT CH2	1
3	INPUT CH3	2
4	INPUT CH4	3
5	INPUT CH5	4
6	INPUT CH6	5
7	INPUT CH7	6
8	INPUT CH8	7
9	0V	
10	未使用	

3）X5 端子

X5 端子是 DeviceNet 总线接口，端子使用定义如表 4 - 5 所列。其上的编号 6～12 跳线用来决定模块（I/O 板）在总线中的地址，可用范围为 10～63。如图 4 - 2 所示，如果将第 8 脚和第 10 脚的跳线剪去，2＋8＝10 就可以获得 10 的地址。

表 4 - 5 X5 端子使用定义

X5 端子编号	使用定义
1	0V BLACK
2	CAN 信号线 low BLUE
3	屏蔽线
4	CAN 信号线 high WHITE
5	24V RED
6	GND 地址选择公共端
7	模块 ID bit0(LSB)
8	模块 ID bit1(LSB)
9	模块 ID bit2(LSB)
10	模块 ID bit3(LSB)
11	模块 ID bit4(LSB)
12	模块 ID bit5(LSB)

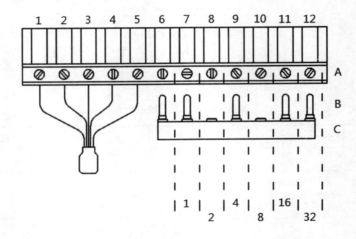

图 4 - 2 X5 端子接线

4）X6 端子

X6 端子接口包括 2 个模拟输出,地址分配如表 4 - 6 所列。

表 4 - 6 X6 端子地址分配

X6 端子编号	使用定义	地址分配
1	未使用	
2	未使用	
3	未使用	
4	0V	
5	模拟输出 ao1	0—15
6	模拟输出 ao2	16—31

（2）ABB 标准 I/O 板 DSQC652

DSQC652 板主要提供 16 个数字输入信号和 16 个数字输出信号的处理。图 4 − 3 所示为模块接口的说明，其中 A 部分是信号输出指示灯；B 部分是 X1 和 X2 数字输出接口；C 部分是 X5，是 DeviceNet 接口；D 部分是模块状态指示灯；E 部分是 X3 和 X4 数字输入接口；F 部分是数字输入信号指示灯。

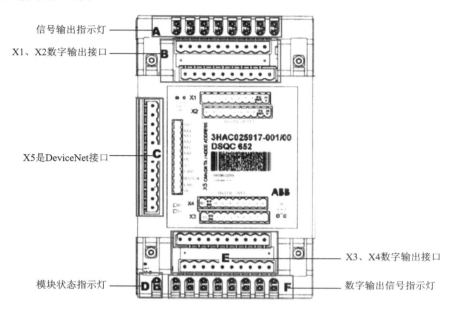

图 4 − 3　DSQC652 板

DSQC652 板的 X1、X2、X3、X4、X5 模块接口连接说明如下，其中 X3 和 X5 端子地址分配见表 4 − 4、4 − 5。

1）X1 端子

X1 端子接口包括 8 个数字输出，地址分配如表 4 − 7 所列。

表 4 − 7　X1 端子地址分配

X1 端子编号	使用定义	地址分配
1	OUTPUT CH1	0
2	OUTPUT CH2	1
3	OUTPUT CH3	2
4	OUTPUT CH4	3
5	OUTPUT CH5	4
6	OUTPUT CH6	5
7	OUTPUT CH7	6
8	OUTPUT CH8	7
9	0V	
10	24V	

2) X2 端子

X2 端子接口包括 8 个数字输出,地址分配如表 4-8 所列。

表 4-8　X2 端子地址分配

X2 端子编号	使用定义	地址分配
1	OUTPUT CH1	8
2	OUTPUT CH2	9
3	OUTPUT CH3	10
4	OUTPUT CH4	11
5	OUTPUT CH5	12
6	OUTPUT CH6	13
7	OUTPUT CH7	14
8	OUTPUT CH8	15
9	0V	
10	24V	

3) X4 端子

X4 端子接口包括 8 个数字输入,地址分配如表 4-9 所列。

表 4-9　X4 端子地址分配

X4 端子编号	使用定义	地址分配
1	INPUT CH9	8
2	INPUT CH10	9
3	INPUT CH11	10
4	INPUT CH12	11
5	INPUT CH13	12
6	INPUT CH14	13
7	INPUT CH15	14
8	INPUT CH16	15
9	0V	
10	未使用	

【任务实施】

ABB 常用标准 I/O 板有 DSQC651、DSQC652、DSQC653、DSQC355A、DSQC377A 五种,除分配地址不同外,其配置方法基本相同。ABB 标准 I/O 板 DSQC651 是最为常用的模块,下面以 DSQC651 板的配置为例,来介绍 DeviceNet 现场总线连接、数字输入信号 DI、数字输出信号 DO 和模拟输出信号 AO 的配置。

(1) 定义 DSQC651 板的总线连接

ABB 标准 I/O 板都是下挂在 DeviceNet 现场总线下的设备，通过 X5 端口与 DeviceNet 现场总线进行通信。定义 DSQC651 板总线连接的相关参数说明见表 4－10。

标准 I/O 板－DSQC651
板的配置操作及使用

表 4－10　DSQC651 板的总线连接的相关参数

参数名称	设定值	说明
Name	Board10	设定 I/O 板在系统中的名字
Type of Unit	D651	设定 I/O 板的类型
Connected to Bus	DeviceNet1	设定 I/O 板连接的总线
DeviceNet Address	10	设定 I/O 板在总线中的地址

其总线连接操作步骤如表 4－11 所列。

表 4－11　总线连接的具体操作步骤

序　号	操作步骤	图片说明
1	进入 ABB 主菜单，在示教器操作界面中选择"控制面板"	
2	单击"配置"	

序　号	操作步骤	图片说明
3	进入配置系统参数界面后，双击 DeviceNet Device，进行 DSQC651 模块的选择及其地址设定	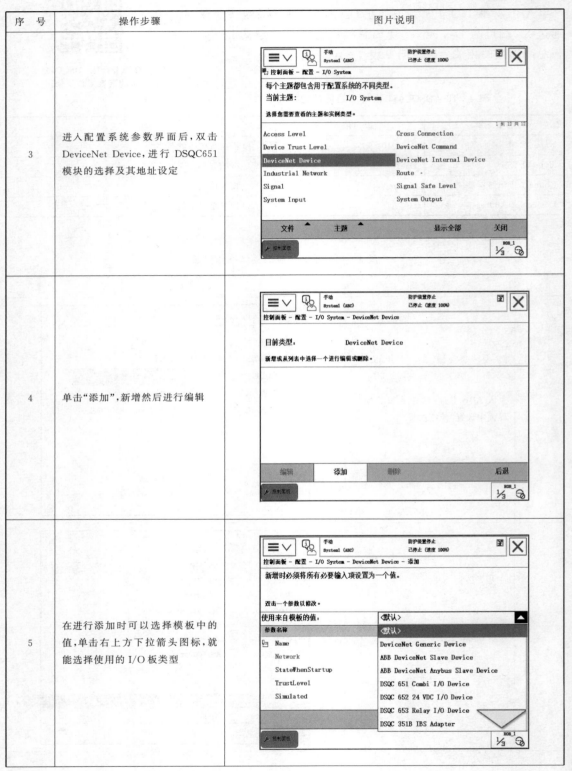
4	单击"添加"，新增然后进行编辑	
5	在进行添加时可以选择模板中的值，单击右上方下拉箭头图标，就能选择使用的 I/O 板类型	

序　号	操作步骤	图片说明
6	在模板中选择 DSQC 651 I/O 板，其参数值会自动生成默认值	
7	点击界面黄色向下箭头，下翻界面，找到 Address 这一项，双击 Address 选项，将 Address 的值改为 10（10 代表此模块在总线中的地址，ABB 机器人出厂默认值）	
8	单击"确定"，返回参数设定界面	

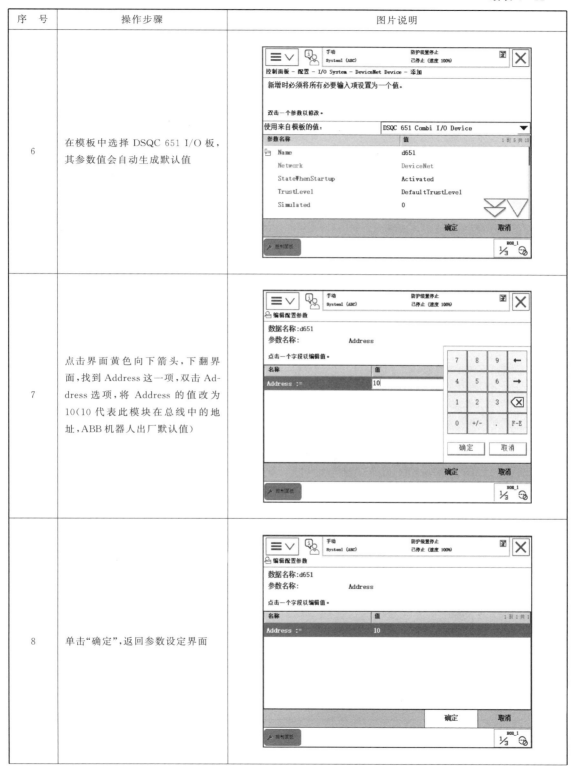

序　号	操作步骤	图片说明
9	参数设定完毕,单击"确定"	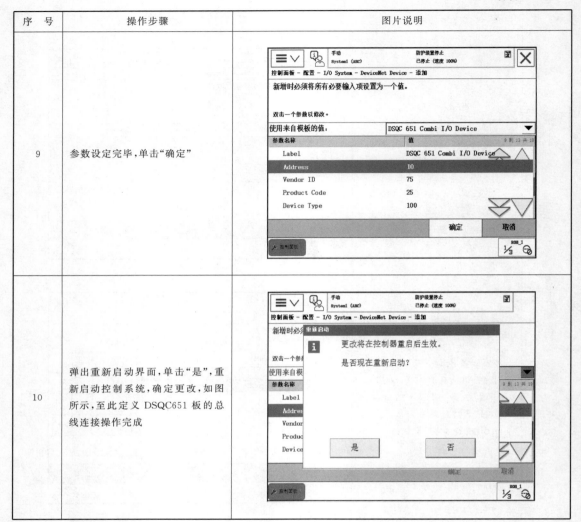
10	弹出重新启动界面,单击"是",重新启动控制系统,确定更改,如图所示,至此定义 DSQC651 板的总线连接操作完成	

(2) 定义数字输入信号 di1

数字输入信号 di1 的相关参数见表 4 – 12。

表 4 – 12　数字输入信号 di1 的相关参数

参数名称	设定值	说　明
Name	Board10	设定数字输入信号的名字
Type of Signal	Digital Input	设定信号的种类
Assigned to Unit	Board10	设定信号所在的 I/O 模块
Unit Mapping	0	设定信号所占用的地址

定义数字输入信号 di1 的操作如表 4 – 13 所列。

表 4-13　定义输入输入信号的操作步骤

序　号	操作步骤	图片说明
1	单击"控制面板",进入到控制面板界面	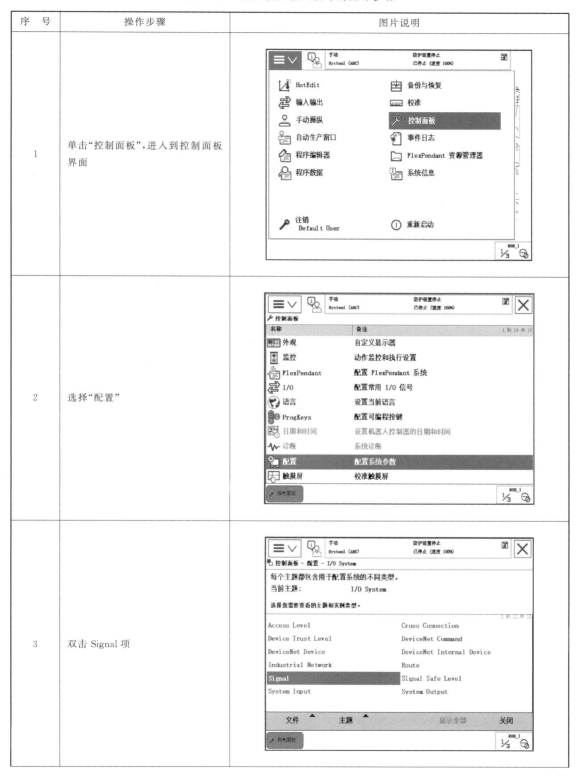
2	选择"配置"	
3	双击 Signal 项	

序 号	操作步骤	图片说明
4	进入如图所示界面，单击"添加"	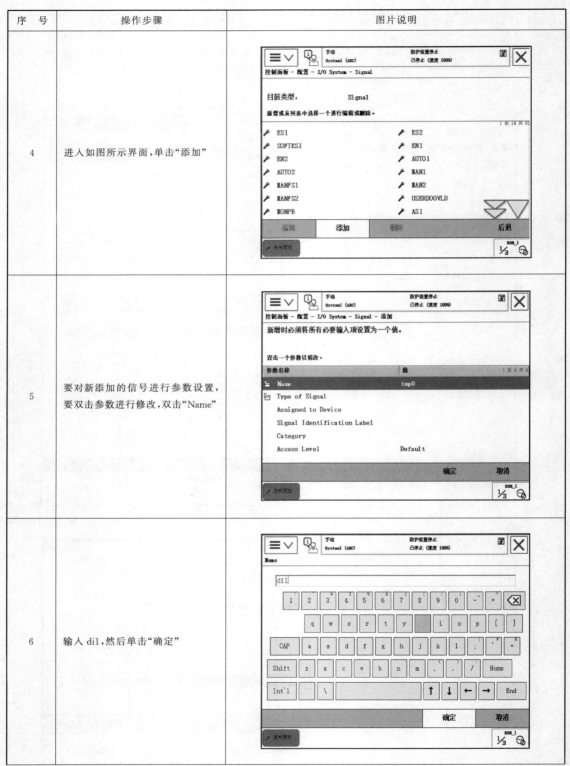
5	要对新添加的信号进行参数设置，要双击参数进行修改，双击"Name"	
6	输入 di1，然后单击"确定"	

序　号	操作步骤	图片说明
7	双击 Type of Signal，选择 Digital Input	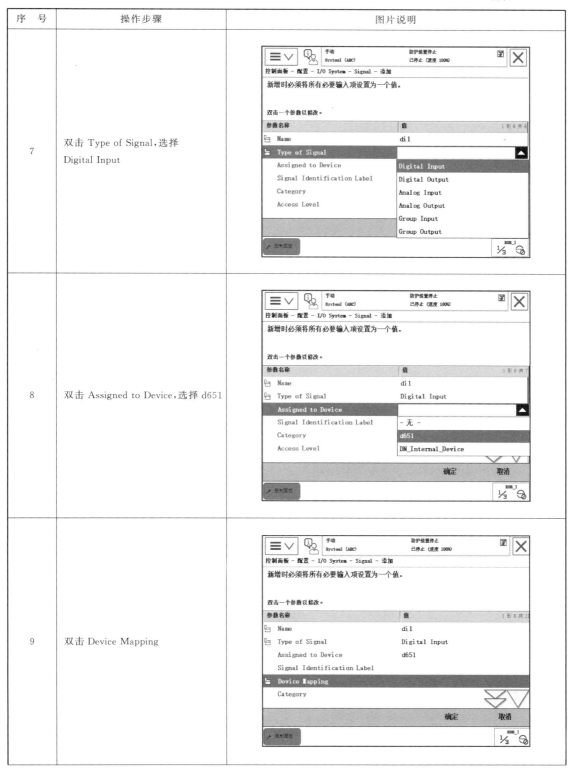
8	双击 Assigned to Device，选择 d651	
9	双击 Device Mapping	

序　号	操作步骤	图片说明
10	输入 0，单击"确定"	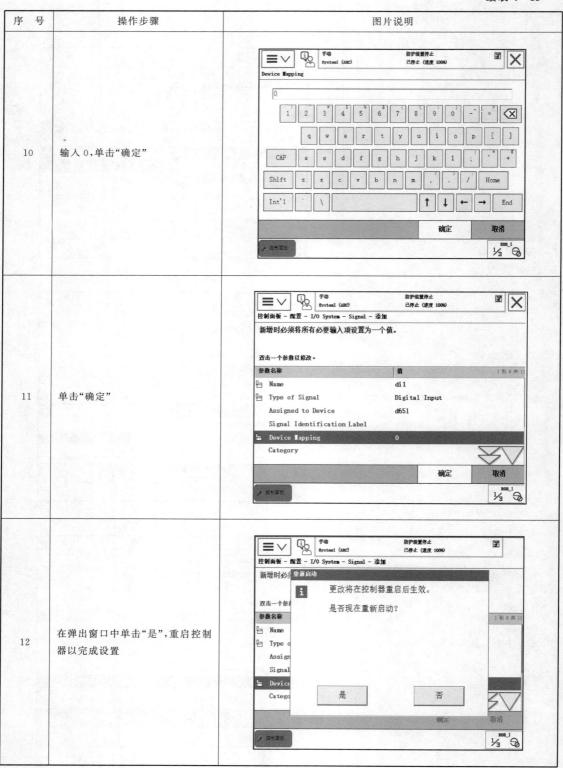
11	单击"确定"	
12	在弹出窗口中单击"是"，重启控制器以完成设置	

(3) 定义数字输出信号 do1

数字输出信号 do1 的相关参数见表 4 - 14。

表 4 - 14　数字输出信号 do1 的相关参数

参数名称	设定值	说明
Name	Board10	设定数字输出信号的名字
Type of Signal	Digital Output	设定信号的种类
Assigned to Unit	Board10	设定信号所在的 I/O 模块
Unit Mapping	32	设定信号所占用的地址

数字输出信号 do1 的定义操作如表 4 - 15 所列。

表 4 - 15　数字输入信号的定义

序号	操作步骤	图片说明
1	选择"控制面板"	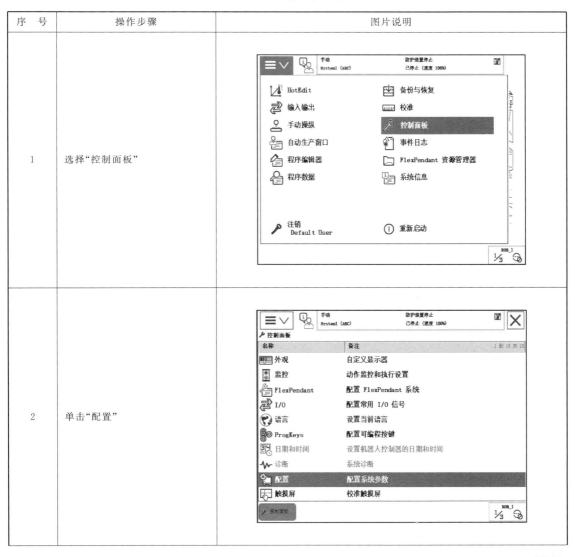
2	单击"配置"	

序　号	操作步骤	图片说明
3	双击 Signal	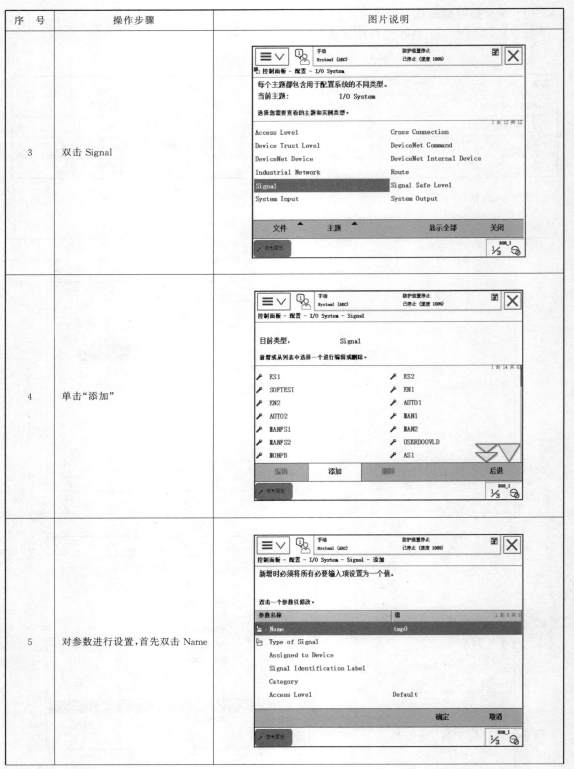
4	单击"添加"	
5	对参数进行设置，首先双击 Name	

序 号	操作步骤	图片说明
6	输入 do1,然后单击"确定"	
7	双击 Type of Signal,选择 Digital Output	
8	双击 Assigned to Device,选择 d651	

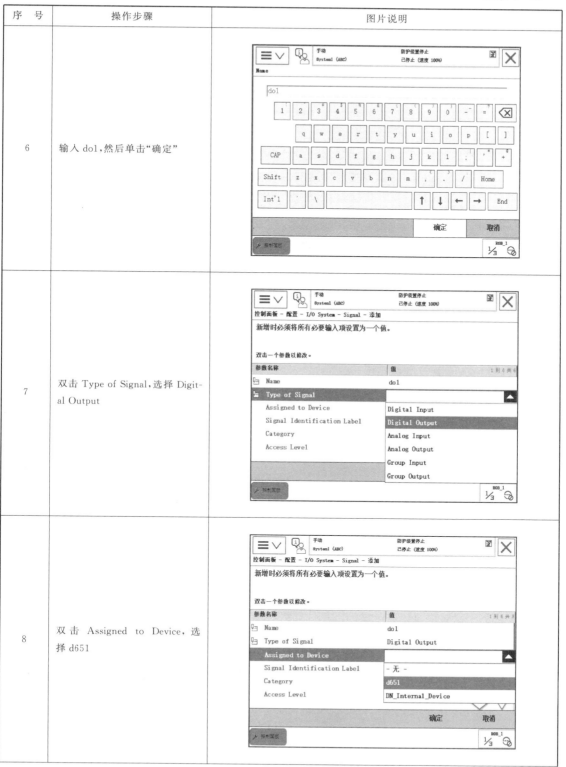

序　号	操作步骤	图片说明
9	双击 Device Mapping	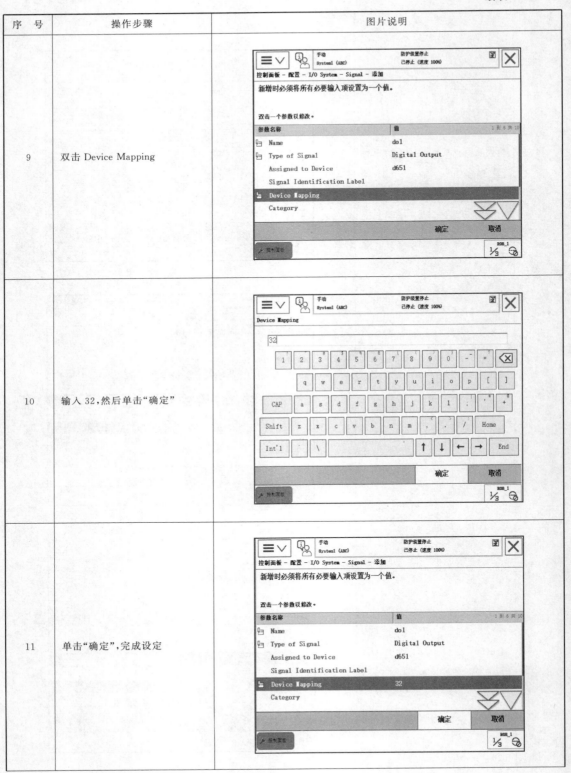
10	输入 32，然后单击"确定"	
11	单击"确定"，完成设定	

续表 4 - 15

序 号	操作步骤	图片说明
12	弹出重新启动界面,单击"是"重启控制器以完成设置	

（4）定义模拟输出信号 ao1

模拟输出信号 ao1 的相关参数见表 4 - 16 所列。

表 4 - 16　模拟输出信号 ao1 的相关参数

参数名称	设定值	说　明
Name	ao1	设定模拟输出信号的名字
Type of Signal	Analog Output	设定信号的类型
Assigned to Unit	Board10	设定信号所在的 I/O 模块
Unit Mapping	0—15	设定信号所占用的地址
Analog Encoding Type	Unsigned	设定模拟信号属性
Maximum Logical Value	10	设定最大逻辑值
MaximumPhysical Value	10	设定最大物理值
Maximum Bit Value	65535	设定最大位置

定义模拟输出信号 ao1 的操作如表 4 - 17 所列。

表 4-17　定义模拟输出信号的操作步骤

序　号	操作步骤	图片说明
1	选择"控制面板"	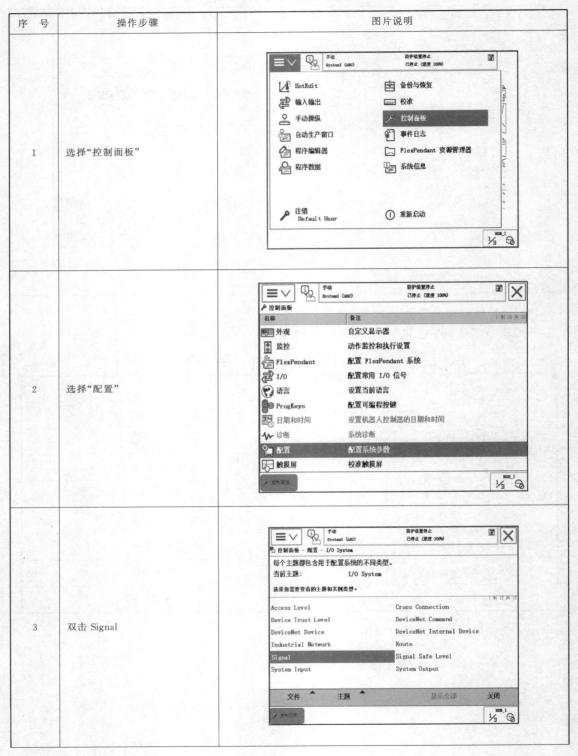
2	选择"配置"	
3	双击 Signal	

序　号	操作步骤	图片说明
4	单击"添加"	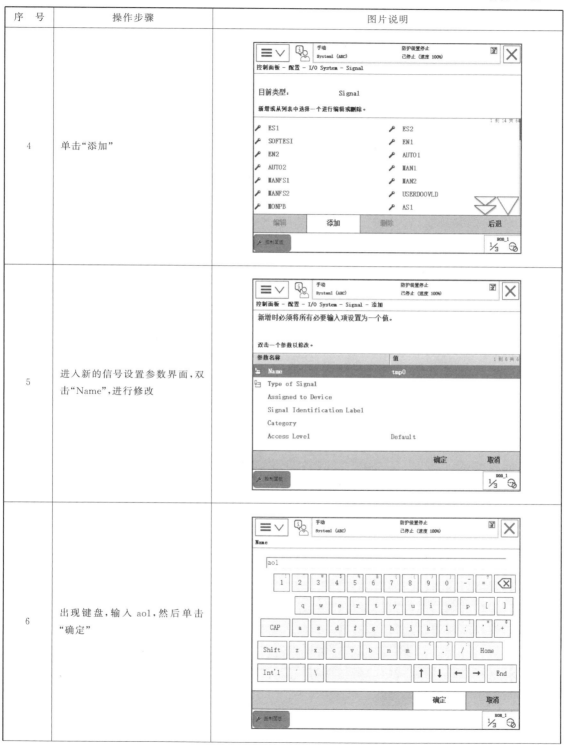
5	进入新的信号设置参数界面，双击"Name"，进行修改	
6	出现键盘，输入 aol，然后单击"确定"	

序 号	操作步骤	图片说明
7	再双击 Type of signal，然后选择 Analog Output	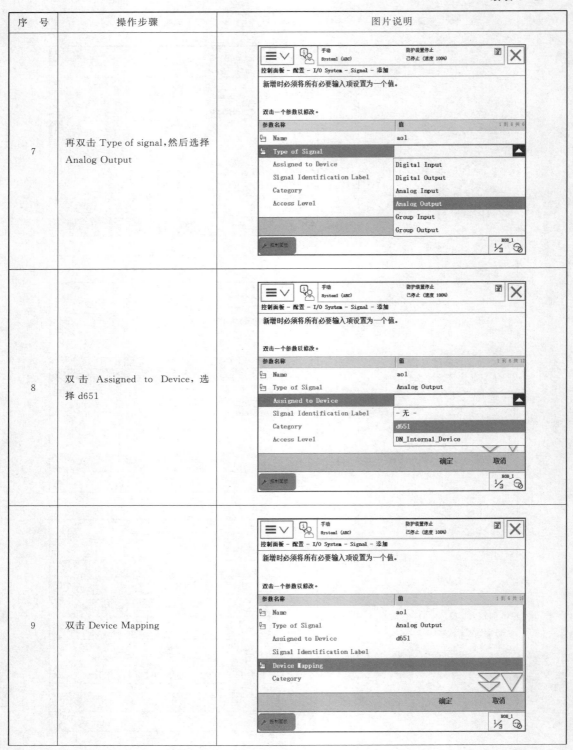
8	双击 Assigned to Device，选择 d651	
9	双击 Device Mapping	

序　号	操作步骤	图片说明
10	输入 0 - 15,然后单击"确定"	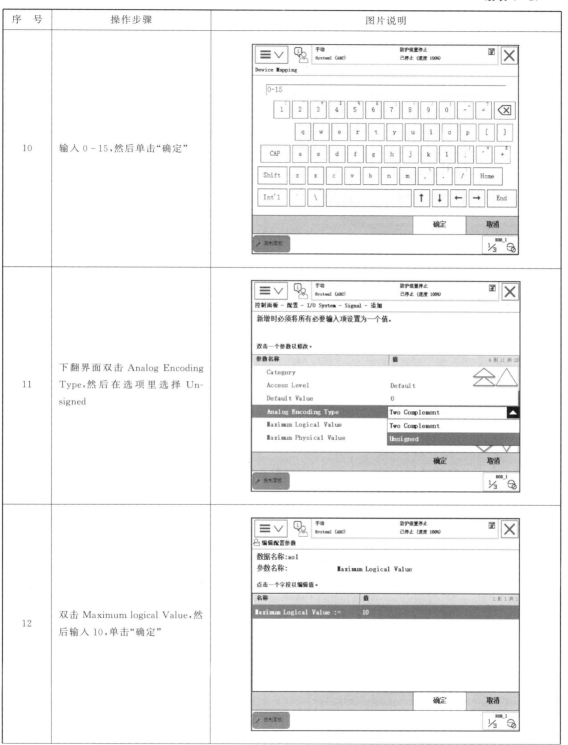
11	下翻界面双击 Analog Encoding Type,然后在选项里选择 Unsigned	
12	双击 Maximum logical Value,然后输入 10,单击"确定"	

序　号	操作步骤	图片说明
13	双击 Maximum Physical Value，然后输入 10，单击"确定"	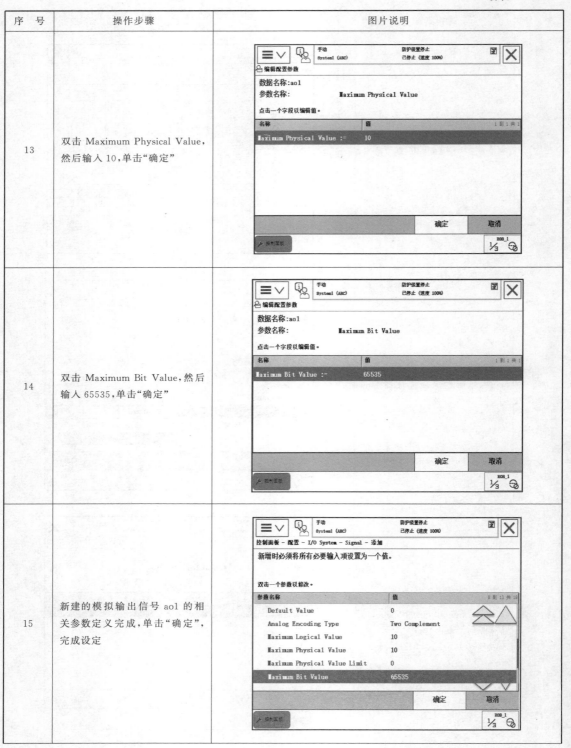
14	双击 Maximum Bit Value，然后输入 65535，单击"确定"	
15	新建的模拟输出信号 ao1 的相关参数定义完成，单击"确定"，完成设定	

续表 4 - 17

序　号	操作步骤	图片说明
16	弹出提醒重新启动界面,单击"是",重启控制器使更改生效	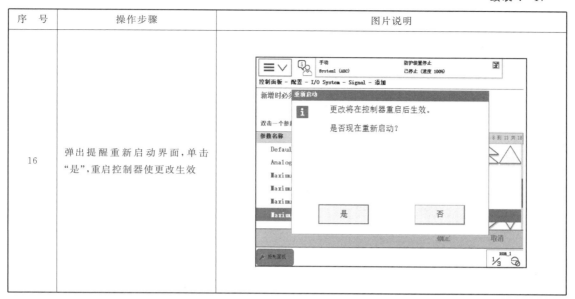

任务二　ABB 机器人 I/O 信号监控与操作

【任务描述】

认识对 I/O 信号进行监控的目的,按步骤正确地对 I/O 信号进行仿真和强制操作,并能够配置示教器可编程按钮。

【知识学习】

ABB 机器人 I/O 信号监控与操作。

上一节学习了 I/O 信号的定义,现在就要学习一下如何对 I/O 信号进行监控与操作。对 I/O 信号进行监控是为了对所有的输入及输出信号的地址、状态等信息进行掌控。通过操作打开输入输出画面,看到所有定义的信号,可以对 I/O 信号的状态或数值进行相应的仿真和强制操作,以便在机器人调试和检修时使用。

【任务实施】

1. "输入输出"界面操作

"输入输出"界面的具体操作如表 4 - 18 所列。

机器人 I/O
信号监控与操作

表 4 - 18   "输入输出"界面的操作

序 号	操作步骤	图片说明
1	在示教器操作界面,选择"输入输出"	
2	打开右下角的"视图"菜单	
3	在视图菜单中选择"I/O 设备"	

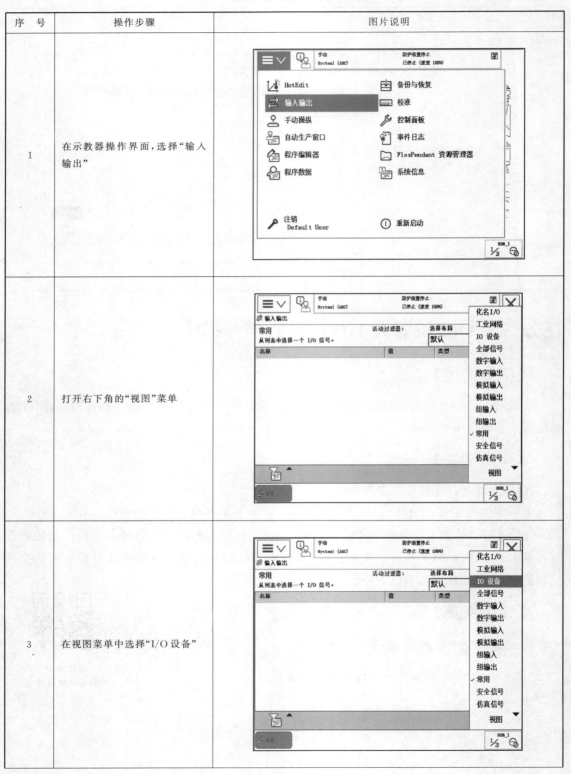

序　号	操作步骤	图片说明
4	选择 d651，然后单击"信号"	
5	可以看到上一节中所定义的信号，通过该窗口可对信号进行监控、仿真和强制操作	

2. 对 I/O 信号进行仿真和强制操作

（1）对 di1 进行仿真操作

对 di1 进行仿真操作的具体操作步骤见表 4 - 19。

表 4 - 19　对 di1 进行仿真操作的步骤

序 号	操作步骤	图片说明
1	选中 di1,然后单击"仿真"	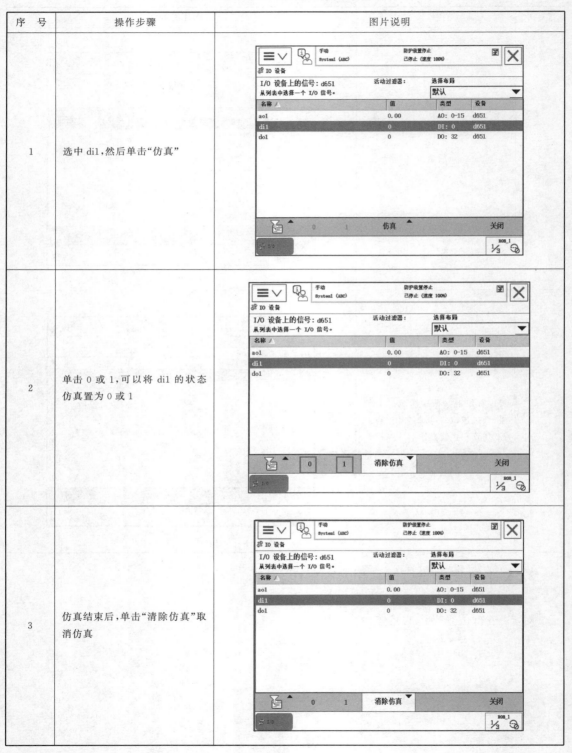
2	单击 0 或 1,可以将 di1 的状态仿真置为 0 或 1	
3	仿真结束后,单击"清除仿真"取消仿真	

（2）对 do1 进行强制操作

如图 4 - 4 所示，选中 do1，通过单击 0 或 1，对 do1 的状态强制置为 0 或 1。

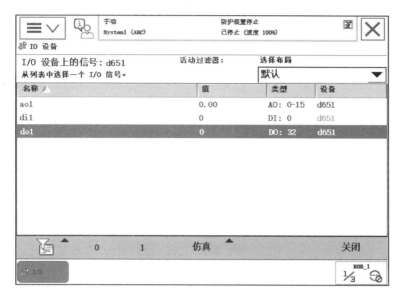

图 4 - 4　do 信号强制

（3）对 ao1 进行强制操作

对 ao1 进行强制操作的具体操作步骤见表 4 - 20。

表 4 - 20　对 ao1 进行强制操作的步骤

序　号	操作步骤	图片说明
1	选中 ao1，然后单击"123…"	

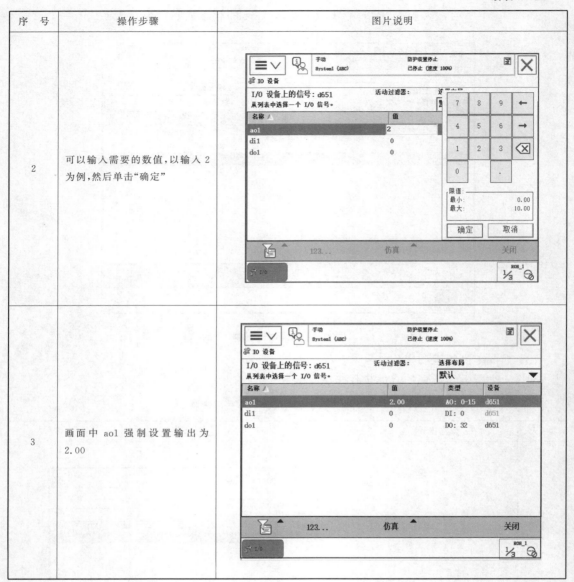

序　号	操作步骤	图片说明
2	可以输入需要的数值,以输入 2 为例,然后单击"确定"	
3	画面中 ao1 强制设置输出为 2.00	

3. 示教器可编程按钮的使用

如图 4 - 5 所示,方框内的 4 个按钮即为示教器可编程按钮,分为按键 1～4,在操作时可以为可编程按键分配想快捷控制的 I/O 信号,以方便对 I/O 信号进行强制与仿真操作。下面就介绍为可编程按键配置 I/O 信号的具体操作。

为可编程按键 1 配置数字输出信号 do1 的操作见表 4 - 21。

图 4 - 5　可编程按键

表 4 - 21　配置数字输出信号的操作步骤

序　号	操作步骤	图片说明
1	在操作界面选择"控制面板"	

序　号	操作步骤	图片说明
2	单击"配置可编程按钮"	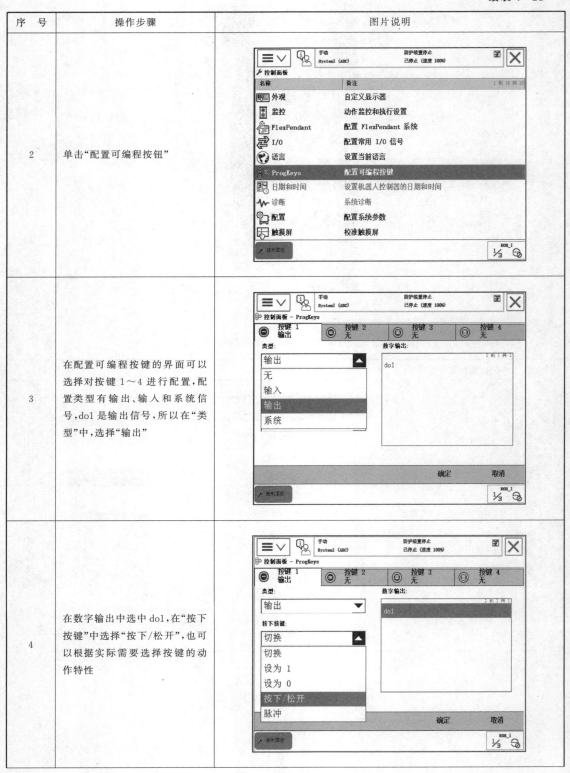
3	在配置可编程按键的界面可以选择对按键 1～4 进行配置,配置类型有输出、输入和系统信号,do1 是输出信号,所以在"类型"中,选择"输出"	
4	在数字输出中选中 do1,在"按下按键"中选择"按下/松开",也可以根据实际需要选择按键的动作特性	

序 号	操作步骤	图片说明
5	单击"确定",完成设置	
6	配置后就可以通过可编程按键 1 在手动状态下对 do1 数字输出信号进行强制的操作,按键 2~4 可重复上面步骤进行设置	

项目五　工业机器人离线编程应用

【知识点】

- RobotArt 软件的常用基本功能；
- RobotArt 软件中生成轨迹的方法；
- RobotArt 软件轨迹及轨迹点操作命令的使用；
- RobotArt 软件的仿真功能及生成后置代码功能。

【技能点】

- 在 RobotArt 软件中进行环境搭建；
- 在 RobotArt 软件中进行轨迹设计；
- 在 RobotArt 软件中进行仿真及后置；
- RobotArt 离线编程软件的联机调试。

任务一　RobotArt 离线编程软件应用

【任务描述】

多功能机器人工作站的写字绘图模块区，可以通过手动示教和离线编程来实现书写汉字和绘制图案的功能。相比较而言，使用离线编程软件 RobotArt 生成轨迹代码的方式会更加便捷迅速，所以本次任务主要介绍利用 RobotArt 软件生成汉字"科"的轨迹代码的功能。

【知识学习】

离线编程的主要流程是：环境搭建→轨迹设计→仿真→后置。其中环境搭建包括机器人、工具和零件的导入，以及对工具 TCP 和工件的校准；轨迹设计包括轨迹生成、轨迹偏移、轨迹点姿态调整和插入过渡点等一系列操作；轨迹设计完成后，就可以进行仿真操作；仿真没有问题则可以进行后置生成代码，保存在相应的文件中后导入机器人中实现动作。

1. 环境搭建

（1）导入机器人

在 RobotArt 离线编程软件的环境构建中，首先是导入机器人，单击菜单栏中"选择机器人"按钮，如图 5-1 所示。

点击后会弹出如图 5-2 所示的机器人设置界面，在这个界面中进行机器人模型的选择，选择机器人型号后，在界面右边预览中会显示出机器人模型。如果切换到轴范围，会显示出所选择机器人的 6 个轴的运动范围。如果切换到逆解设置，会显示出逆解设置。选择好需要的机器人模型后，单击插入机器人模型，机器人就会被导入到软件中，如图 5-3 所示。

工业机器人
工作站环境搭建

218

图 5-1　"选择机器人"按钮

图 5-2　机器人选择界面

图 5-3　成功导入机器人

（2）导入工具

导入机器人模型后，需要导入工具模型，在菜单栏中单击"导入工具"按钮，如图 5-4 所示。

图 5-4　"导入工具"按钮

弹出计算机中工具模型储存的位置文件夹，如图 5-5 所示，选择所需要的工具，然后单击打开，工具就会被导入到软件中并自动装配在机器人的法兰盘上。如图 5-6 所示，导入电主轴工具模型，如果在软件中没有需要的工具，则需要从外部导入工具模型，RobotArt 软件中能导入的数据文件的格式有 IGES、STEP 等和常用 CAD 软件的数据文件。

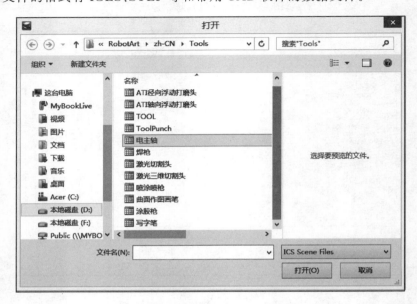

图 5-5 选择需要导入的工具

图 5-6 成功导入工具

（3）导入工件

机器人和工具模型都导入后，接下来要导入工件，也就是加工的零件，在菜单栏中单击"导入零件"按钮，如图 5-7 所示。

弹出如图 5-8 所示的本地保存零件模型的文件夹，选择现实中需要加工处理的零件。

图 5-7　"导入零件"按钮

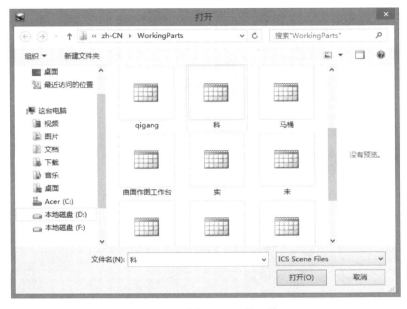

图 5-8　选择要导入的工件

（4）TCP 设置

完成上述三部，离线编程需要的全部器材已经准备好。接下来要进行校准软件中 TCP 设置的操作。在真实的工作环境中，需要先校准工具 TCP，将得到的数据记录下来，在软件中操作要右击左侧的工具，选择"TCP 设置"，如图 5-9 所示。

弹出设置 TCP 的界面，将实际测量得到的 TCP 的坐标值填入到对应的坐标中，如图 5-10所示，再单击"确定"。这样就校准了软件中工具的 TCP 位置。

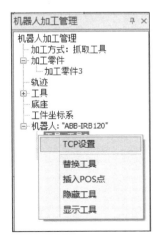

图 5-9　选择 TCP 设置

图 5-10　输入真实 TCP 值

（5）工件校准

现实中的写字平台和机器人是有一个相对位置的，需要保证软件中的位置与现实中的位置一致，这样设计的工作轨迹才有意义，才能确保设计的正确性。这些需要通过工件校准工作来实现。在菜单栏中单击"工件校准"按钮，如图 5 - 11 所示。

图 5 - 11　选择工件校准

弹出如图 5 - 12 所示的工件校准界面，要依次指定模型上三个点（三个点不要在一条直线上，要选择比较有特征、现实中好测量、容易辨识的点），这三点的坐标值会自动输入到设计环境中，然后将实际工作中对应的这三点的坐标值填入到真实环境中。单击"原位置预览"，在界面单击一下，会看到原位置的坐标系；再单击"目标位置预览"，在界面单击一下，可以看到工件将要移动到的位置；最后单击"对齐"按钮，在界面单击一下，工件模型会自动校准到真实环境中的准确位置。

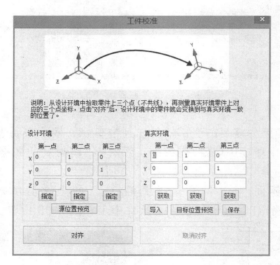

图 5 - 12　工件校准界面

如果需要导入外围模型，以导入工作台为例，需要单击菜单栏中"输入"按钮，如图 5 - 13 所示。弹出输入文件的对话框，找到需要导入的工件文件，导入结果如图 5 - 14 所示。

图 5 - 13　"输入按钮"

6）保存工程

将搭建好的离线编程进行保存，单击菜单栏中"保存"按钮，如图 5 - 15 所示。弹出另存为界面，输入文件名，然后单击"保存"，这样后续修改可以直接打开。

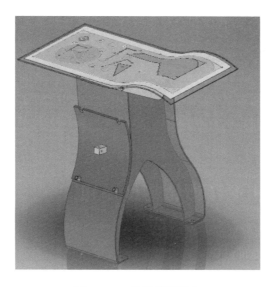

图 5-14　外围模型导入

图 5-15　单击保存

2. 轨迹设计

（1）生成轨迹

工业机器人
工作轨迹设计

环境搭建完成后要进行轨迹设计，单击菜单栏中"生成轨迹"按钮，左侧会出现如图 5-16 所示的属性面板，点开类型的下拉菜单，会显示出所有生成轨迹的方式，分别为：沿着一个面的一条边、一个面的外环、一个面的一个环、曲线特征、单条边、点云打孔和打孔。

1）沿一个面的一条边

该类型是通过指定的一条边及其轨迹方向，加上提供轨迹法向的平面来确定轨迹。在属性面板的类型栏中选择"沿着一个面的一条边"，需要拾取元素栏中有线和面，如果轨迹不是闭合的，还需要拾取轨迹终点。红色代表当前工作状态。

以油盘工件为例，用鼠标先选择所需要生成的轨迹中的一段平面的边，即如图 5-17 中成高亮状态的一条边，并选择轨迹方向（点击小箭头可以更换方向）。

再选择如图 5-18 所示的一个供轨迹法向的平面。

选择如图 5-19 所示的终止点。

完成上述三步后单击左上方绿色对号 ✔，确认生成轨迹，就会自动生成如图 5-20 所示的轨迹。

图 5-16　生成轨迹方式

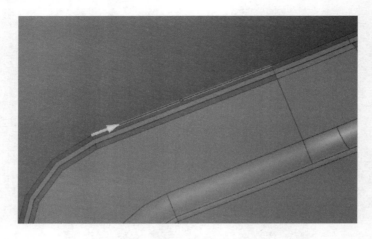

图 5 - 17　选择面的一条边

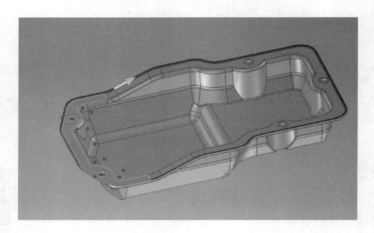

图 5 - 18　选择作为法向的面

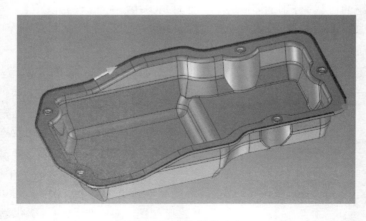

图 5 - 19　选择终止点

2）一个面的外环

当所需要生成的轨迹为简单单个平面的外环边时，可以通过这种类型来确定轨迹。在左

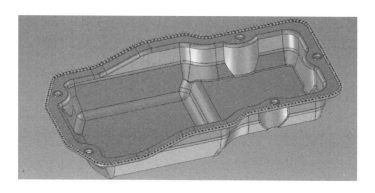

图 5 - 20 生成的轨迹

侧弹出的属性面板中的类型栏中选择"一个面的外环",之后可将鼠标放进操作页面。当鼠标停留在零件的某个面上时,会将面预选中,并将颜色转为绿色,如图 5 - 21 所示。

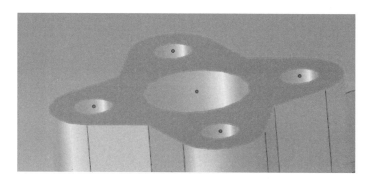

图 5 - 21 选中的面

单击鼠标选中该面,并单击绿色对号 ✔ 确定,轨迹路径将会被自动生成出来,如图 5 - 22 所示。

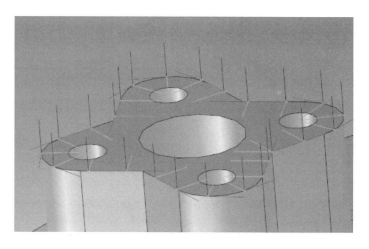

图 5 - 22 生成的轨迹

3)一个面的一个环

这个类型与一个面的外环类型相似,但是比一个面的外环类型多的功能是可以选择简单平面的内环。

单击生成轨迹,在左侧弹出的属性面板的类型中选择"一个面的一个环",需要拾取零件的线和面。先选择如图 5 - 23 所示的所要生成的轨迹的环。

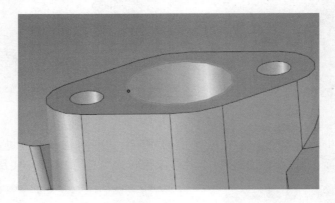

图 5 - 23　零件的一条边

接着再选择这个环所在的面,如图 5 - 24 所示。

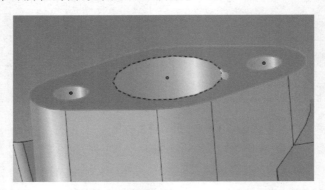

图 5 - 24　选择的面

然后单击绿色对号✓确定,会生成如图 5 - 25 所示的轨迹。

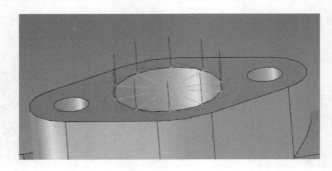

图 5 - 25　生成的轨迹

4)曲线特征

该类型是由曲线加面生成轨迹,可以实现完全设计自己的空间曲线作为轨迹路径,选择面或独立方向作为轨迹法向。

单击生成轨迹，在左侧弹出的属性面板的类型中选择"曲线特征"，需要拾取零件的线和面，一般用于生成汉字等线条较多的轨迹。首先选择所要生成轨迹的线，如图 5－26 所示选择的是汉字"华"的笔画。

再选择作为轨迹法向的一个平面，如图 5－27 所示。

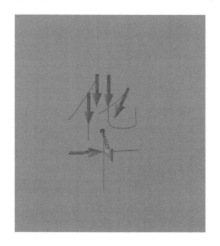

图 5－26　选择轨迹的线　　　　　　　　图 5－27　选择面

单击绿色对号✅确定，会生成如图 5－28 所示的轨迹。

5）单条边

该类型可以满足多种轨迹设计思路，通过对单条线段的选择，加上选择一个面作为轨迹法向，实现轨迹设计。拾取零件的线和面后，单击绿色对号✅确定，生成轨迹。

6）点云打孔

该类型需要拾取的是零件和零件上的点，点的位置就是打孔的位置，并且要在孔深一栏中填写想要的深度，勾选生成往复路径选项。最后单击绿色对号确定，生成轨迹。

7）打孔

该类型要拾取孔边，勾选往复路径和填写相应的孔深，最后单击绿色对号✅确定，生成轨迹。

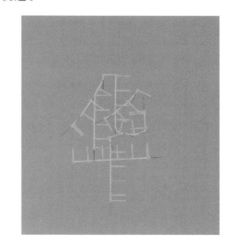

图 5－28　生成的轨迹

（2）轨迹操作命令

生成轨迹后左侧会出现机器人加工管理面板，右击加工轨迹，会弹出可以对轨迹进行操作的菜单，如图 5－29 所示。

1）选项

选择选项，会弹出选项的对话框，如图 5－30 所示，有轨迹生成、显示轨迹和轨迹属性三个选项。轨迹生成中可以更改轨迹点的步长、点的方向以及偏移量。

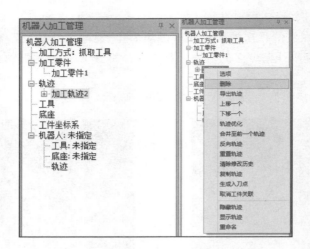

图 5-29 机器人加工管理面板

图 5-30 轨迹生成选项卡

① 步长:轨迹点与轨迹点之间的距离。

② Z 轴旋转固定:当前轨迹所有点的位姿与第一个点的位姿一致。

③ 坐标轴方向固定:所有点的 Z 轴与第一个点的 Z 轴方向保持一致。

④ X 轴向前/向后:是否 X 轴反向。X 轴反向后,Z 轴不变,Y 轴反向。

⑤ 偏移量:在原始轨迹点数据的基础上,再进行的偏移。

⑥ 先旋转:进行偏移的时候,是先旋转偏移再进行位置偏移还是先位置偏移再进行旋转偏移。

轨迹显示选项如图 5-31 所示,可以对轨迹点和轨迹线作相应的操作。

① 显示轨迹点：显示出轨迹点的位置点。

② 显示轨迹姿态：是否显示出轨迹点的 X、Y、Z 轴，其中红色为 X 轴，绿色为 Y 轴，蓝色为 Z 轴。

③ 显示轨迹序号：是否标识出轨迹点的序号。

④ 显示轨迹线：是否用多段线将轨迹点连接起来，并且下方有颜色的选择。

⑤ 点大小：如果显示轨迹点的话，显示效果的大小，单位为像素值。

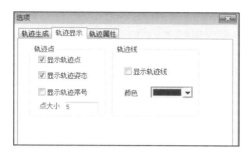

图 5 - 31　轨迹显示选项卡

2）删除

如果当前生成的轨迹不是最终想要的，可以把当前生成的轨迹进行删除，重新生成正确的轨迹。右击加工轨迹，选择"删除"，则删除当前的轨迹。

3）上/下移一个

有时候生成轨迹的顺序并不是实际中所需要的，这时候就需要对轨迹的顺序进行调整。在轨迹列表中选择"上移一个"，所选的轨迹会上移一个位置，同理，选择"下移一个"会使轨迹下移。

4）轨迹优化

轨迹优化功能采用可视化方式，方便快捷地调整轨迹点的姿态，避开机器人的奇异位置、轴超限、干涉等。轨迹调整是利用一条曲线调整工具方向的旋转角度，实现对轨迹点的姿态调整，曲线的横坐标为点的编号（从 1 开始编号），纵坐标为工具方向的旋转角度（范围为 $-180°\sim$ $180°$）。如图 5 - 32 所示，中间的水平线为工具方向旋转角度为 0 度的位置和姿态，黄色区域

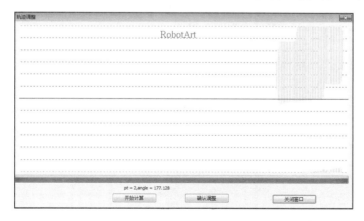

图 5 - 32　轨迹优化界面

为轴超限的位置,将线调整到空白区域就完成了调整。点击该水平线出现曲线的两个端点和控制曲线在端点处的切向,可以选择端点或者曲线切向的控制点,修改曲线的端点或切向。在绘图区域的空白处右击,则出现增加点和删除点的功能,方便调整曲线。增加点是在鼠标的位置处增加一个控制曲线位置的点,删除点是删除选择的点。

轨迹调整的步骤为:首先选择开始计算,计算完成后,根据需要调整曲线的形状,调整完毕以后,选择确认调整。如果不想用的调整结果,不选择确认调整,选择关闭窗口,退出轨迹调整。

5)合并之前一个轨迹

点击此项,可以将该条轨迹与前一条轨迹合并成一条轨迹。

6)反向轨迹

有时候生成的轨迹和所要运行时的轨迹相反,这时就可以选择"反向轨迹"。选择"反向轨迹"后,轨迹运动的方向和生成轨迹时的方向相反。

7)生成入刀出刀点

在对零件进行加工的过程中需要生成入刀点和出刀点,选择轨迹列表中的"生成入刀点",会自动在第一个轨迹点和最后一个轨迹点生成入刀点和出刀点。

8)取消工件关联

默认轨迹与零件关联,移动零件时轨迹跟随零件移动,点击此项之后,移动零件时该轨迹不随着零件移动。

9)显示/隐藏轨迹

当生成轨迹较多,不方便观察轨迹点的变化时,可以对轨迹进行隐藏。在轨迹列表中选择"隐藏轨迹"可对选择的轨迹进行隐藏。显示轨迹与隐藏轨迹的作用是相反的。

10)重命名

点击轨迹列表中的"重命名",可对轨迹名称进行修改。

(3)轨迹点操作命令

将加工轨迹的"+"点开会显示出所有的轨迹点,右击轨迹点会弹出对轨迹点操作的列表,如图 5 - 33 所示。

1)运动到点

此功能需要在设计环境中导入机器人和工具,选中一个点,右击选择运动到点,机器人的

图 5 - 33 轨迹点操作菜单

工具就会运动到所选中的点。

2）设置为起始点

此功能可以改变起始点的位置，例如在轨迹点 5 上右击设置为起始点，机器人会将第 5 个点作为起始点开始进行工作。

3）统一位姿

选择"统一位姿"后，轨迹点的姿态会与第一个轨迹点的姿态相统一。

4）编辑点

选择需要编辑的点，选择"编辑点"，会在点的位置弹出三维球，可对点进行平移，旋转等操作。

5）轨迹点属性

点击该选项后可显示点的位姿。

6）观察

点击该选项，以点的 Z 轴方向观察点。

7）编辑多个点

该功能可以方便地同时编辑多个点，编辑过的点平滑地过渡到未编辑的点，提高了轨迹的连续性。可以设置影响点的个数，如图 5 - 34 所示，点数越多，过渡的越平滑，视需要而定，"向前"表示被影响到的点位于该点的前方，"向后"表示被影响到的点位于该点的后方。点击"确定"按钮后，在该点上弹出三维球，可进行编辑。

图 5 - 34　设置影响点的个数

8）删除点

选择该选项删除当前点。

9）插入点

插入点与删除点的作用相反。

10）分割轨迹

点击该选项后，一条轨迹被分割成两条，前一条的末点和后一条的首点是同一个点。

3. 仿真操作

生成轨迹并对轨迹进行优化和调整后，完成了预期的轨迹，接下来可以单击菜单栏中的"仿真"按钮，机器人会按照设计的轨迹进行仿真工作。

点击"仿真"按钮后可以进行机器人和工具仿真。仿真控制如

工业机器人
仿真及后置处理

图 5-35所示。

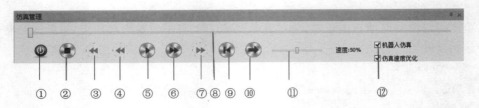

图 5-35　仿真控制面板

图中对应的按键功能如下：

① 结束仿真：点击会结束仿真，仿真管理界面消失，和 ESC 退出的功能相同。

② 重置开始：点击按钮，仿真过程重新运行。

③ 上一条轨迹：点击会跳到上一条轨迹进行仿真。

④ 上一点：点击按钮，仿真过程运行到上一个轨迹点。

⑤ 暂停/开始：点击播放，仿真运行。点击暂停，仿真暂停运行。

⑥ 下一点：点击按钮，仿真过程运行到下一个点。

⑦ 下一条轨迹：点击会跳到下一条轨迹仿真。

⑧ 进度：显示加工仿真进度，可任意拖拽。

⑨ 重置：点击按钮，仿真过程从头开始。

⑩ 循环：点击按钮，仿真过程结束后自动从头开始运行。

⑪ 速度：显示仿真速度，可拖拽调节。

⑫ 机器人仿真：不勾选，是只有工具运行仿真。勾选，是机器人装配工具仿真。

4. 生成后置代码

在 RobotArt 离线编程软件中生成一条轨迹并仿真无异常后，可以将轨迹生成后置代码以便能够在真机上运行，达到最终目的。

首先点击工具栏中的"后置"按钮，弹出"后置处理"对话框，如图 5-36 所示。

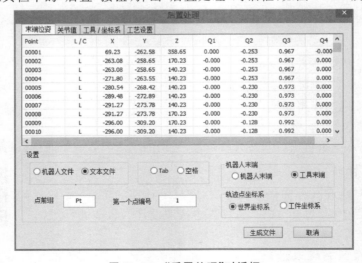

图 5-36　"后置处理"对话框

"后置处理"对话框分为上下两部分,上面部分又分为4张选项卡,分别为末端位姿,关节值,工具/坐标系,工艺设置。

① 末端位姿:显示机器人在世界坐标系下的各个轨迹点的坐标值。

② 关节值:显示机器人在世界坐标系下的各关节的坐标值。

③ 工具/坐标系:工具对应的坐标值为工具 TCP 在世界坐标系下的位姿与旋转角度值,不同类型的机器人旋转角度的名称有所不同;默认情况下机器人的坐标系和世界坐标系是吻合的,坐标系里显示的值是机器人的位姿与旋转角度值。

④ 工艺设置:显示轨迹树中所有轨迹组及过渡点的名称、个数及轨迹类型,轨迹类型有Home、趋近、工作、离开四种类型,可以右击选中的轨迹组,设置轨迹类型。

下部分设置中默认是文本文件,但要生成有实际作用的后置,需要勾选机器人文件,点前缀和第一个点编号都是可以自行指定的。轨迹点的坐标系默认为世界坐标系,根据实际需要勾选工件坐标系。

最后点击"生成文件"按钮,选择文件存放的路径,至此便可以将生产并仿真成功的轨迹后置成可以在真机上直接运行的代码了。

【任务实施】

1. 环境搭建

(1) 选择机器人模型

选择机器人模型的具体操作步骤见表 5-1。

工业机器人写字离线
编程操作-环境搭建

表 5-1 选择机器人模型的具体步骤

序 号	操作步骤	图片说明
1	双击 RobotArt 软件的快捷方式,打开软件	

序　号	操作步骤	图片说明
2	点击软件菜单栏一行中"选择机器人"按钮	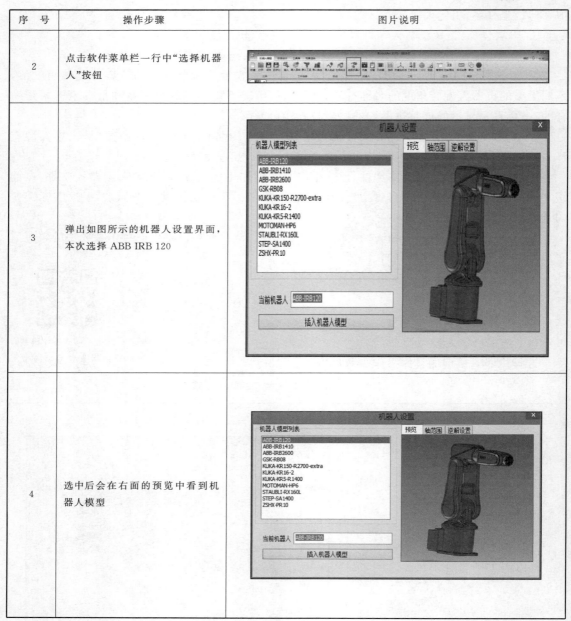
3	弹出如图所示的机器人设置界面，本次选择 ABB IRB 120	
4	选中后会在右面的预览中看到机器人模型	

（2）选择工具模型

选择工具模型的具体操作步骤见表 5-2。

表 5 - 2　选择工具模型的具体步骤

序　号	操作步骤	图片说明
1	导入机器人模型后,需要选择现实中进行作业的工具,本次选择"写字笔.ics",首先单击菜单栏中"导入工具"按钮	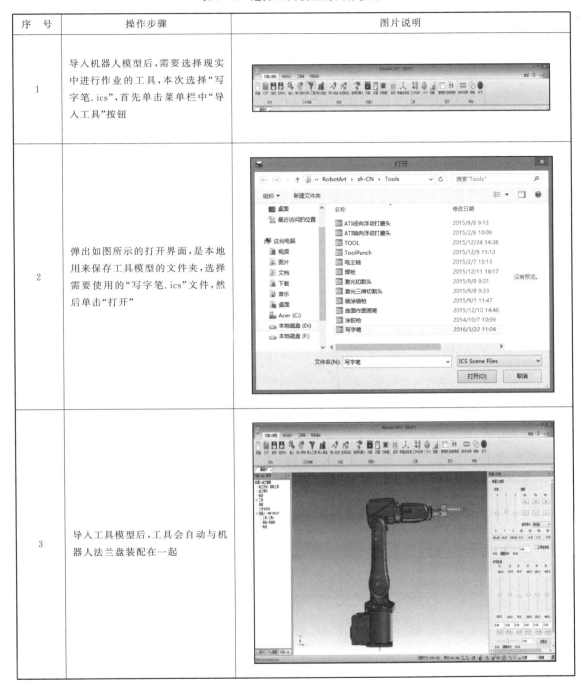
2	弹出如图所示的打开界面,是本地用来保存工具模型的文件夹,选择需要使用的"写字笔.ics"文件,然后单击"打开"	
3	导入工具模型后,工具会自动与机器人法兰盘装配在一起	

(3) 选择加工零件

选择加工零件的具体步骤见表 5 - 3。

表 5 - 3　选择加工零件的具体步骤

序　号	操作步骤	图片说明
1	机器人和工具的模型都导入后，接下来要导入加工的零件，如图所示，在菜单栏中单击"导入零件"按钮	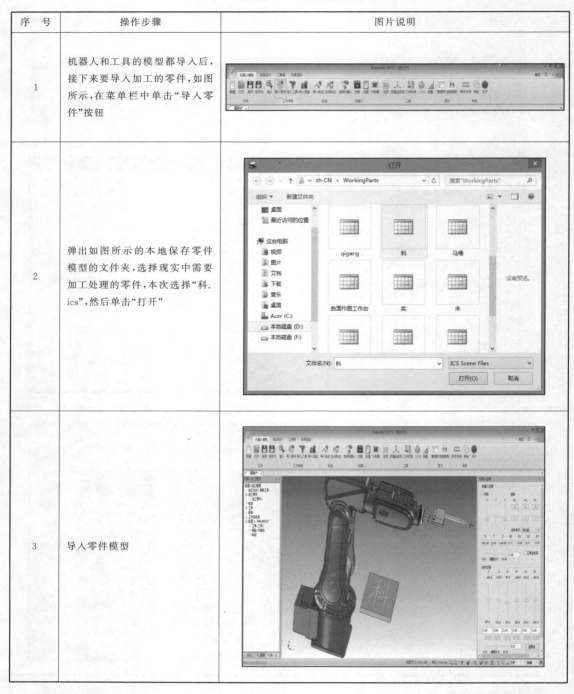
2	弹出如图所示的本地保存零件模型的文件夹，选择现实中需要加工处理的零件，本次选择"科.ics"，然后单击"打开"	
3	导入零件模型	

(4) 校准 TCP

接下来要进行校准软件中 TCP 的操作。在真实的工作环境中，需要先校准工具写字笔的 TCP，将得到的数据记录下来。软件中操作步骤如表 5 - 4 所列。

表 5-4 校准 TCP 的具体操作步骤

序 号	操作步骤	图片说明
1	右击左侧的工具选择"TCP 设置"	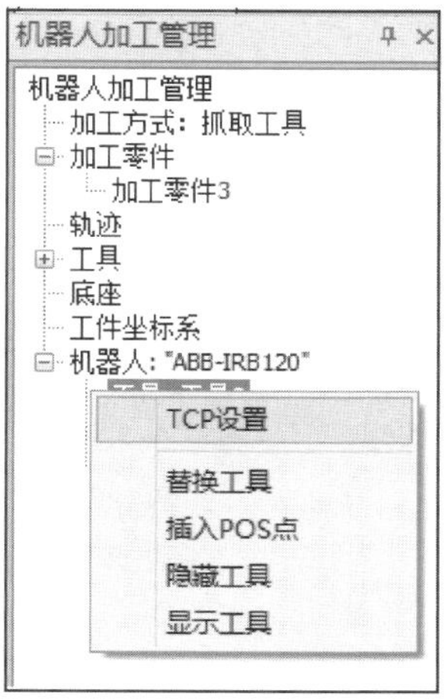 机器人加工管理 —加工方式：抓取工具 加工零件 —加工零件3 —轨迹 工具 —底座 —工件坐标系 机器人："ABB-IRB120" **TCP设置** 替换工具 插入POS点 隐藏工具 显示工具
2	弹出设置 TCP 的界面,将实际测量得到的 TCP 的坐标值填入到对应的坐标中,如图所示,再单击"确定",这样就校准了软件中的 TCP 位置	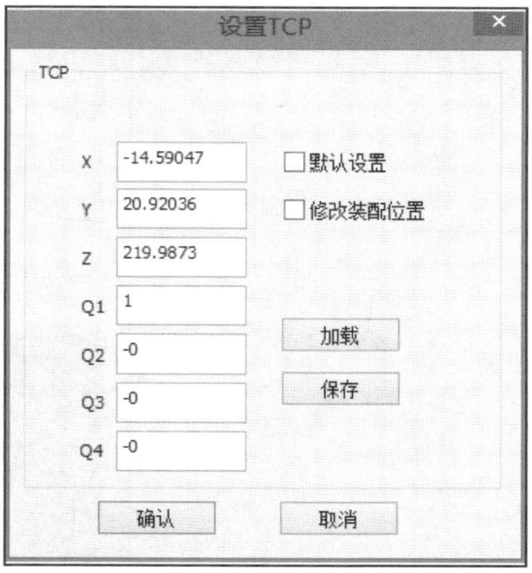 设置TCP TCP X -14.59047 □默认设置 Y 20.92036 □修改装配位置 Z 219.9873 Q1 1 Q2 -0 加载 Q3 -0 保存 Q4 -0 确认 取消

（5）校准工件

校准工件的具体操作步骤见表 5-5。

表 5－5 校准工件的具体操作步骤

序　号	操作步骤	图片说明
1	在菜单栏中单击"工件校准"按钮	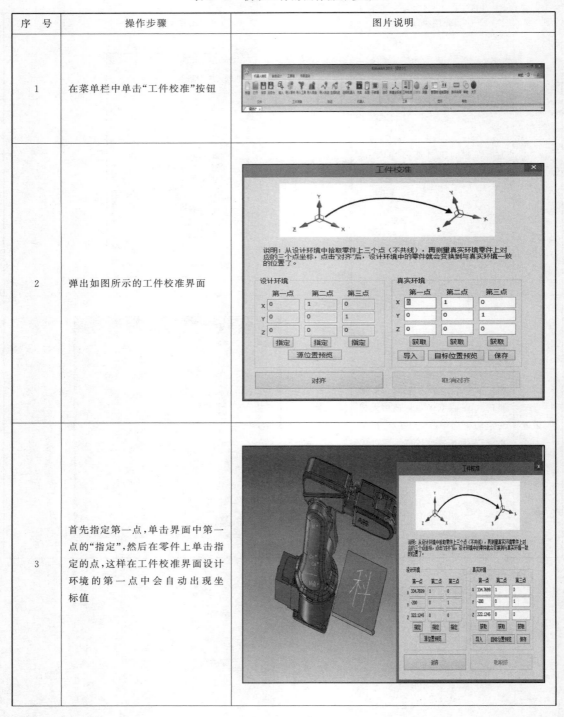
2	弹出如图所示的工件校准界面	
3	首先指定第一点,单击界面中第一点的"指定",然后在零件上单击指定的点,这样在工件校准界面设计环境的第一点中会自动出现坐标值	

序　号	操作步骤	图片说明
4	指定第二点,同第一点指定方式相同,如图所示,获得第二点坐标值	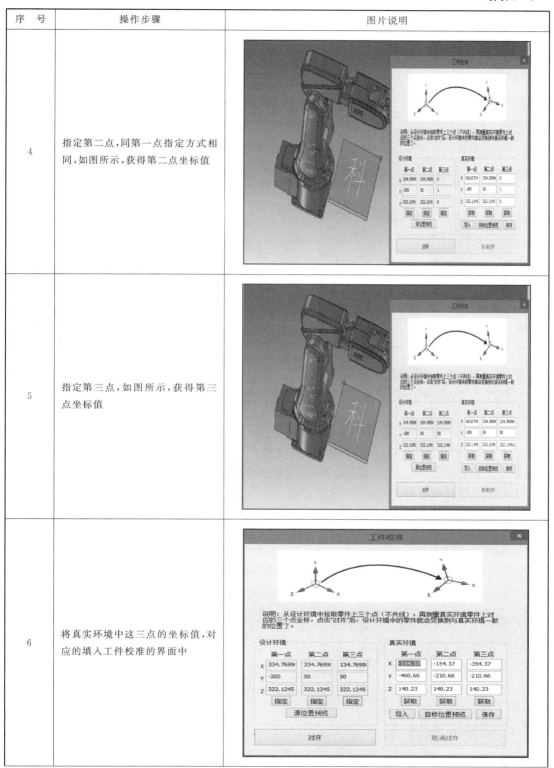
5	指定第三点,如图所示,获得第三点坐标值	
6	将真实环境中这三点的坐标值,对应的填入工件校准的界面中	

序　号	操作步骤	图片说明
7	单击"原位置预览"，在界面单击一下，会看到原位置的坐标系，再单击"目标位置预览"，在界面单击一下，可以看到工件将要移动到的位置，最后单击"对齐"按钮，在界面单击一下，工件模型会自动校准到真实环境中准确位置，如图所示，是多功能工作站中写字绘图模块所在的位置，如果位置发生错误，可以单击"取消对齐"，重新操作	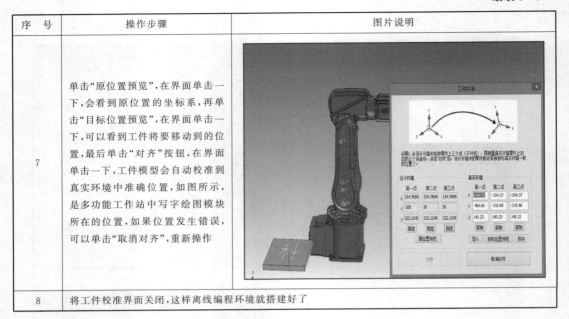
8	将工件校准界面关闭，这样离线编程环境就搭建好了	

（6）保存工程

将搭建好的离线编程进行保存，单击菜单栏中"保存"按钮，如图 5 - 37 所示。

图 5 - 37　单击保存

弹出另存为界面，输入文件名，保存为"写科字.robx"，然后单击"保存"，如图 5 - 38 所示，这样后续修改可以直接打开。

图 5 - 38　保存文件

2. 轨迹设计

环境搭建完成后,下面要进行轨迹设计,本次设计的是汉字"科"的轨迹。在离线编程中设计一条完美的轨迹,需要时间最优(没用的路径越少越好,提高效率)、空间最优(没有干扰,没有碰撞)。复杂的路径则需要多次生成。下面就详细介绍轨迹设计的具体操作。

工业机器人
写字离线编程
操作-轨迹设计

(1) 轨迹生成

具体操作步骤见表 5 - 6。

表 5 - 6　轨迹生成的操作步骤

序　号	操作步骤	图片说明
1	单击菜单栏中"生成轨迹"按钮	
2	在界面的左侧选择生成路径的类型,本次案例选择"曲线特征"	
3	在左边曲面特征的拾取元素中有两个框,分别是线、面,红色代表当前是工作状态,要分别拾取线、面;选取方式是先单击左侧的"线",然后在工件上拾取科字的线条,如图所示,在"线"一栏中显示"2D 草图 1",表示拾取成功	

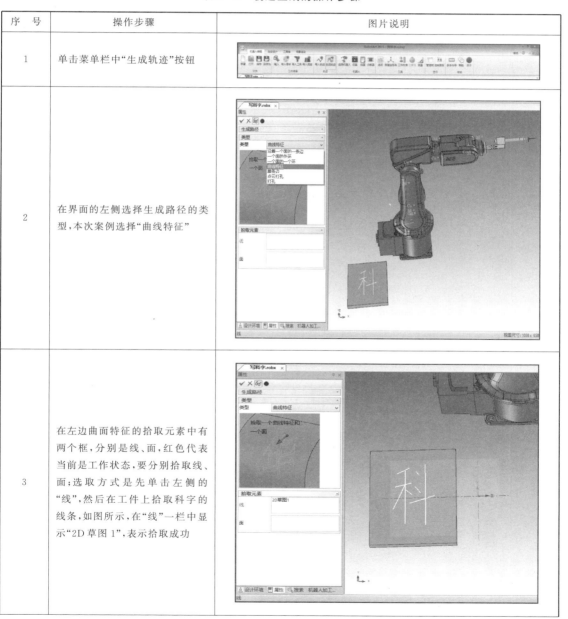

序　号	操作步骤	图片说明
4	然后再单击"面",在"面"变红后选择零件,也就是在零件的面上单击一下	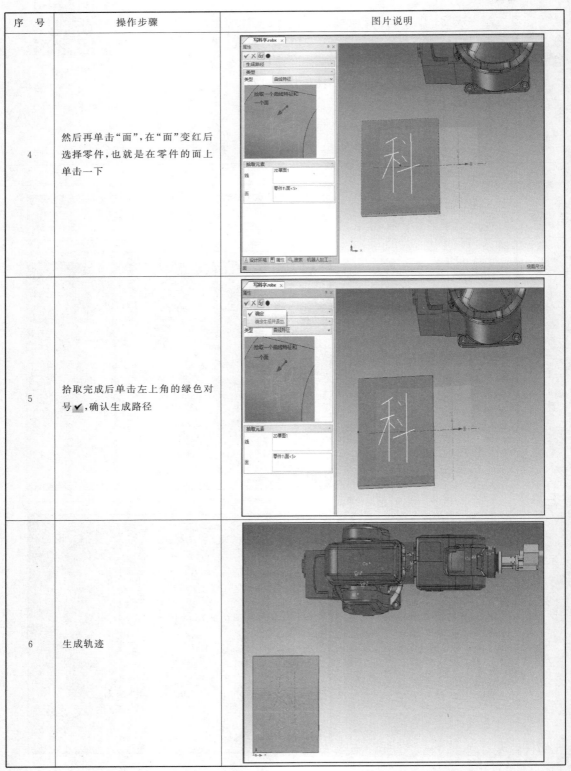
5	拾取完成后单击左上角的绿色对号 ✔,确认生成路径	
6	生成轨迹	

（2）轨迹点姿态调整

轨迹生成后会有一些绿点、黄点或者红点。绿点代表正常的点，黄点代表机器人的关节限位，红点代表不可到达。本次生成的轨迹都是绿色的点，所以只需要对轨迹点的顺序进行调整，不需要进行轨迹的优化，具体步骤如表 5-7 所列。

表 5-7　轨迹点姿态调整操作步骤

序　号	操作步骤	图片说明
1	依次单击加工轨迹，检查轨迹的顺序是否按照"科"的书写笔画排列，如果有排错的轨迹，如"加工轨迹7"向上移动到"加工轨迹5"的下面，如图所示，右击"加工轨迹7"，选择"上移一个"	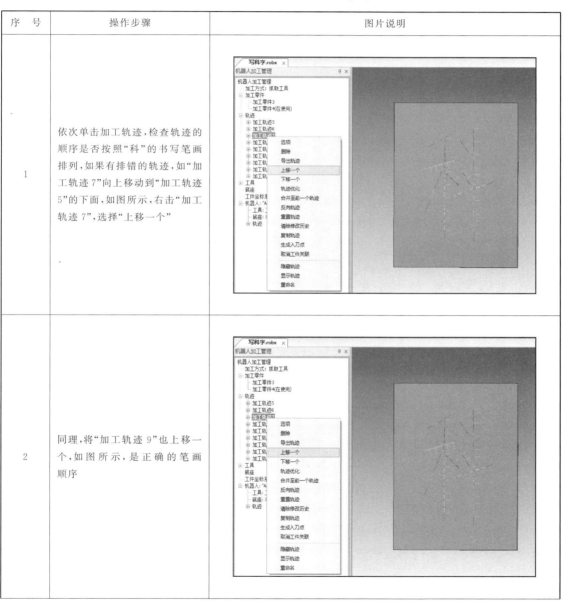
2	同理，将"加工轨迹9"也上移一个，如图所示，是正确的笔画顺序	

序　号	操作步骤	图片说明
3	然后依次右击所有的加工轨迹，选择"选项"，在选项界面中，单击"轨迹显示"，将"显示轨迹序号"勾选上，然后单击"确定"，如图所示	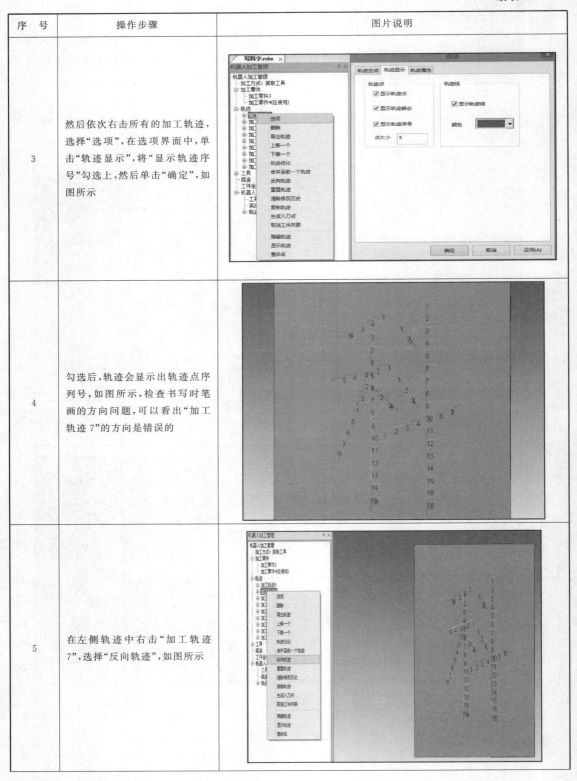
4	勾选后，轨迹会显示出轨迹点序列号，如图所示，检查书写时笔画的方向问题，可以看出"加工轨迹7"的方向是错误的	
5	在左侧轨迹中右击"加工轨迹7"，选择"反向轨迹"，如图所示	

序　号	操作步骤	图片说明
6	反向后，如图所示，加工轨迹 7 的轨迹点顺序正确	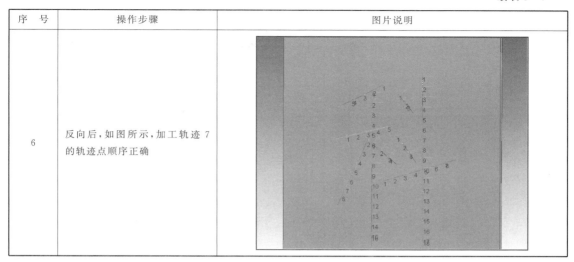

（3）插入过渡点

生成这些轨迹后，会发现轨迹之间没有联系，并且没有设置轨迹运行的安全点，每一条轨迹都是单独的工作路径。这就需要加入出刀点、入刀点和轨迹运行时的起点和终点。加入这些点的方法如表 5 - 8 所列。

表 5 - 8　插入过渡点的操作步骤

序　号	操作步骤	图片说明
1	首先给每条轨迹生成出入刀点，也就是每条轨迹的安全点，右击加工轨迹，选择"生成入刀点"，如图所示，在弹出的入刀点偏移量中填入点与轨迹的距离，这里填入 30，然后单击 OK	
2	在加工轨迹 5 的起始点和终点上生成了出入刀点，在左侧轨迹中也显示了出入刀点	

245

序　号	操作步骤	图片说明
3	给每一条轨迹都添加上出入刀点	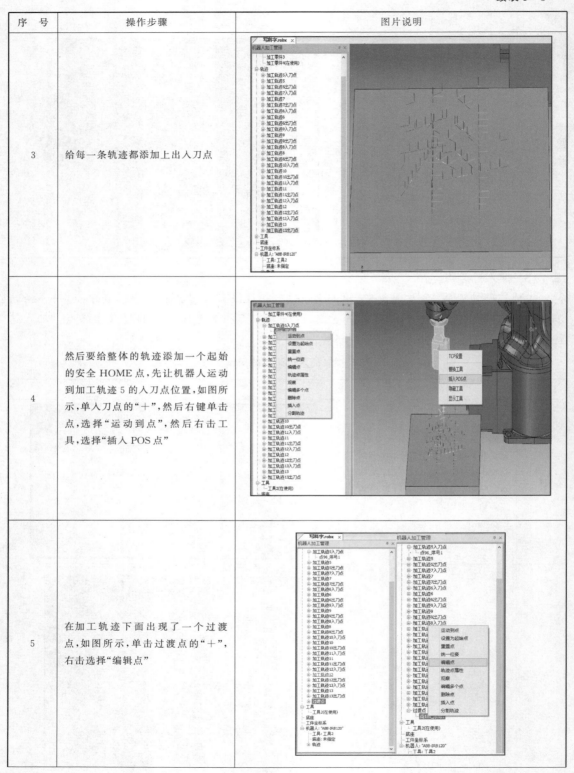
4	然后要给整体的轨迹添加一个起始的安全 HOME 点,先让机器人运动到加工轨迹 5 的入刀点位置,如图所示,单入刀点的"＋",然后右键单击点,选择"运动到点",然后右击工具,选择"插入 POS 点"	
5	在加工轨迹下面出现了一个过渡点,如图所示,单击过渡点的"＋",右击选择"编辑点"	

序　号	操作步骤	图片说明
6	在点的位置弹出三维球,拖动三维球,使过渡点位于理想中的安全点位置	
7	拖动过渡点,拖到"加工轨迹 5"的下方,然后在右击选择"上移一个",使过渡点成为轨迹的起始点,如图所示;再右击过渡点,选择"重命名",在弹出的对话框中将过渡点命名为 HOME 点	
8	然后再右键单击左侧轨迹中 HOME 点,选择"复制轨迹",这样就会复制出同样的终点 HOME 点,如图所示	

这样,就完成了在轨迹中插入过渡点的操作,接下来就可以进行模拟仿真。

3. 仿　真

仿真的具体操作步骤见表 5－9。

工业
机器人写字离线
编程操作–仿真及后置

表 5－9　仿真的具体操作步骤

序　号	操作步骤	图片说明
1	单击菜单栏中的"仿真"按钮	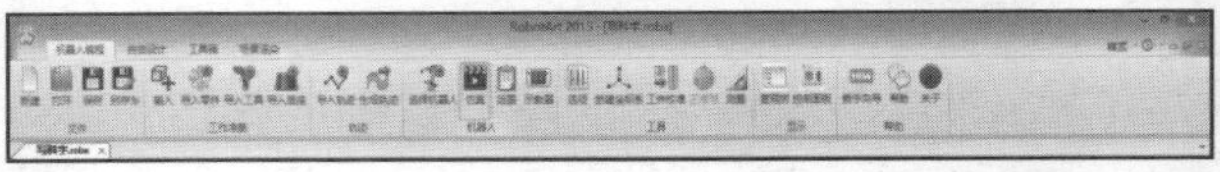
2	在屏幕的下方弹出仿真管理操作的功能键	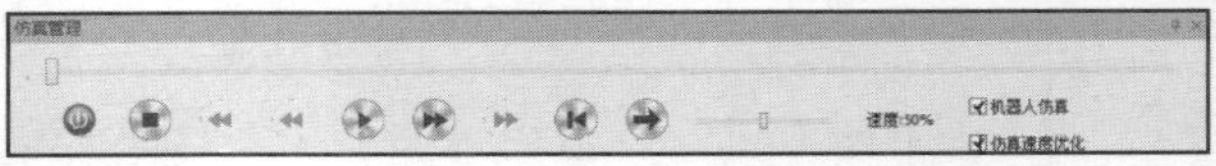
3	单击仿真管理对话框中的运行按钮，开始仿真,来确认轨迹是否无误	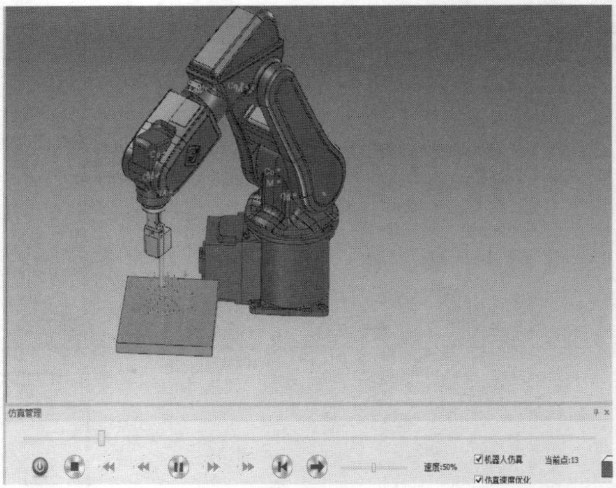

4. 后置生成代码

仿真确认没有问题,就可以后置生成机器人代码,具体操作如表 5－10 所列。

表 5 - 10　后置生成代码的操作步骤

序　号	操作步骤	图片说明
1	单击菜单栏中"后置"图标	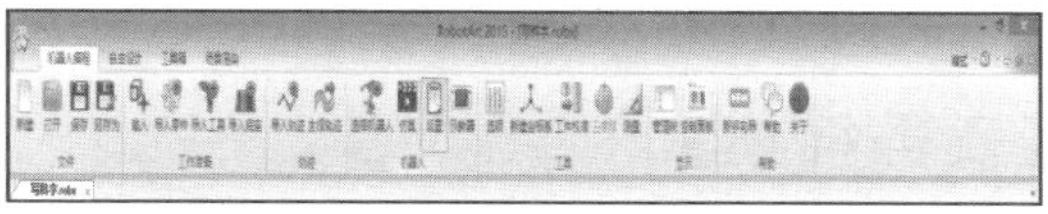
2	弹出后置处理界面，单击"生成文件"	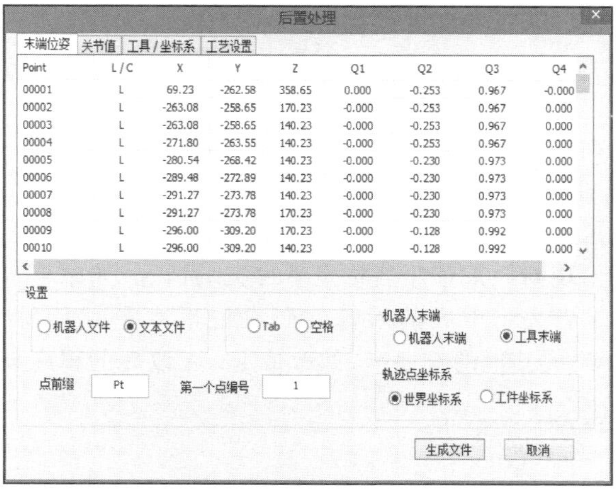
3	在弹出的另存为界面将生成的代码文件命名，这里的名称必须是英文或数字，命名为 ke，单击"保存"	
4	保存成功后弹出如图所示的界面，提示保存成功和保存的位置	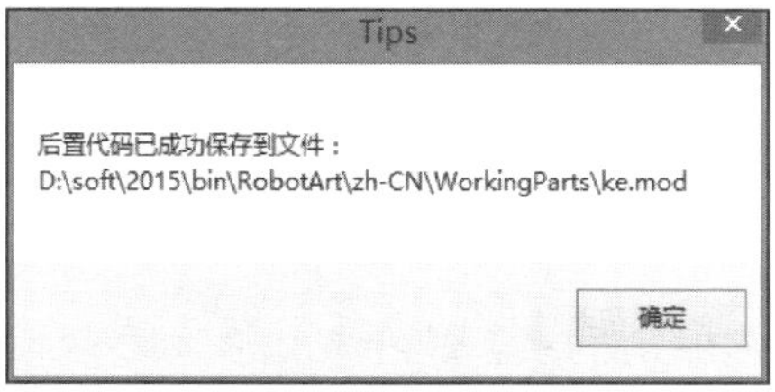

这样就完成汉字"科"的离线编程,生成了程序代码。

任务二　RobotArt 离线编程软件联机调试

【任务描述】

将任务一生成的汉字"科"的程序代码另存到 U 盘后,导入到工作站机器人示教器中,进行程序的调试和实际的操作。

【知识学习】

在 RAPID 程序中,只有一个主程序 main,它存在于任意一个程序模块中,并且是作为整个 RAPID 程序执行的起点。

这里导入的代码在示教器会自动生成程序模块 ModuleMain,程序名称自动生成为 main,如果出现与原来程序名称发生冲突的情况(如原来示教器中有主程序 main),可以将程序重新命名。首先将生成的后置代码在记事本中打开,将模块或程序名称更改为需要的名称,将 main 改成其他的程序名,如改成 ke,更改后的程序如下:

```
PROC ke( )
ConfJ\OFF;
ConfL\OFF;
                MoveL Pt1,v200,z1,Tool01\WObj: = OBJ2;
                MoveL Pt2,v200,z1,Tool01\WObj: = OBJ2;
                MoveL Pt3,v200,z1,Tool01\WObj: = OBJ2;
                MoveL Pt4,v200,z1,Tool01\WObj: = OBJ2;
                MoveL Pt5,v200,z1,Tool01\WObj: = OBJ2;
                MoveL Pt6,v200,z1,Tool01\WObj: = OBJ2;
                ……

ENDPROC

ENDMODULE
```

导入程序代码后,单击示教器的"调试"按钮,选择"PP 移至例行程序",然后找到 ke 的例行程序,单击确定后,程序的光标会出现在程序的第一行,这时就可以按住使能键,开启电机进行调试了。

按下单步运行按钮,机器人会依次执行每一个指令行。逐行检查机器人是否按照预定轨迹移动。(注意:当轨迹出现偏差时,应立即松开使能器,避免各设备发生碰撞);

上述检查完成后,单击"调试",然后单击"PP 移至例行程序",接着按下使能按钮,然后按下示教器上的连续运行按钮,能够完整地执行完流水线程序,则轨迹示教编程完成。

【任务实施】

在工作站中的具体操作如表 5 - 11 所列。

工业
机器人写字离线
编程操作-真机联调

表 5 - 11　工作站中联机调试的操作步骤

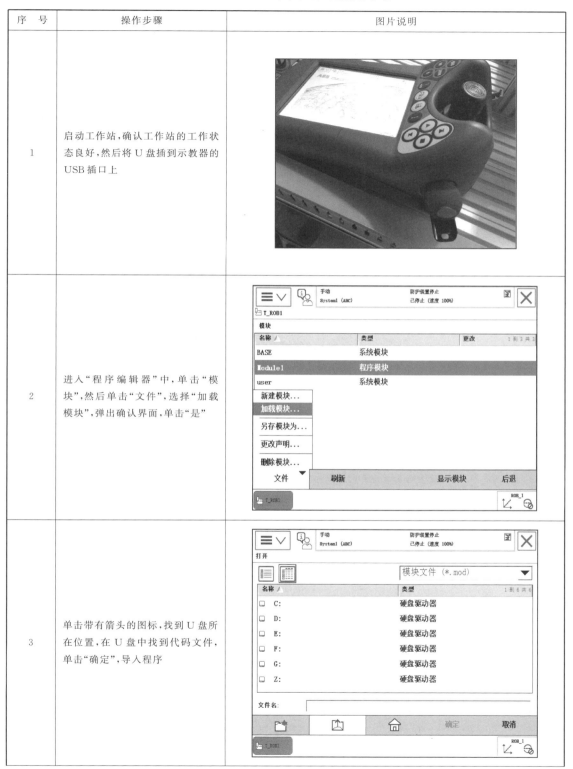

序　号	操作步骤	图片说明
1	启动工作站,确认工作站的工作状态良好,然后将 U 盘插到示教器的 USB 插口上	
2	进入"程序编辑器"中,单击"模块",然后单击"文件",选择"加载模块",弹出确认界面,单击"是"	
3	单击带有箭头的图标,找到 U 盘所在位置,在 U 盘中找到代码文件,单击"确定",导入程序	

序　号	操作步骤	图片说明
4	单击"确定"后，如图所示，选中程序模块，单击"显示模块"，这样导入的程序就会显示出来	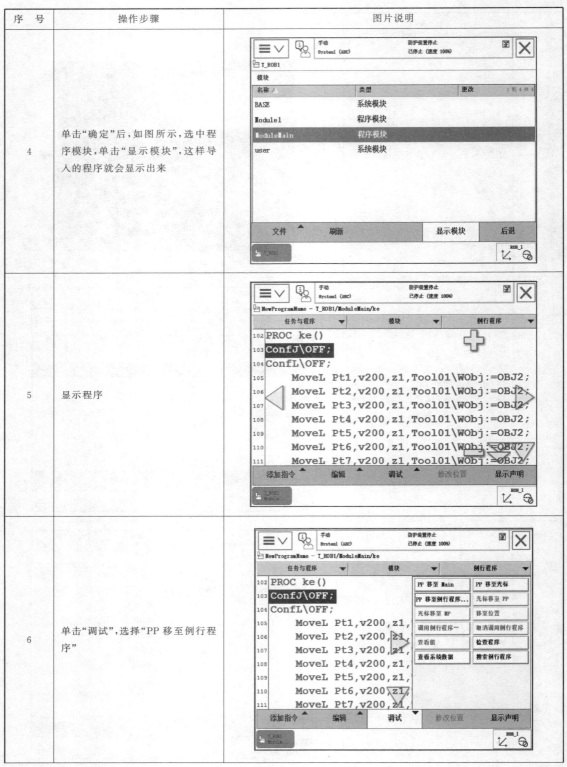
5	显示程序	
6	单击"调试"，选择"PP 移至例行程序"	

续表 5 - 11

序　号	操作步骤	图片说明
7	在弹出的例行程序中,选择 ke,单击"确定"	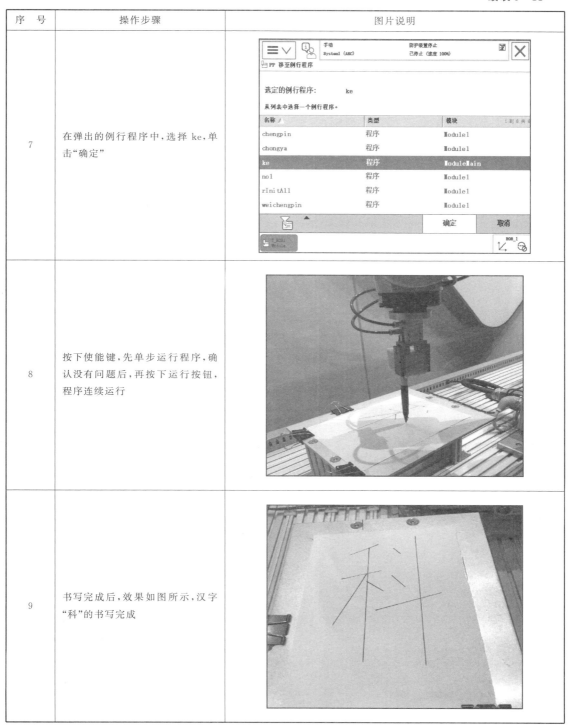
8	按下使能键,先单步运行程序,确认没有问题后,再按下运行按钮,程序连续运行	
9	书写完成后,效果如图所示,汉字"科"的书写完成	

这样,就完成多功能工作站的写字绘图案例的编辑,书写其他文字和绘制图案与以上方法相同,可以举一反三,熟练掌握运用。

参考文献

［1］叶晖，管小清. 工业机器人实操与应用技巧［M］. 北京：机械工业出版社，2010.